计算机科学与技术专业实践系列教材

操作系统实践教程

谢青松 何 凯 编著

U0319286

清华大学出版社

北京

内 容 简 介

本书主要根据教育部高等学校计算机科学与技术教学指导委员会编制的《高等学校计算机科学与技术专业核心课程教学实施方案》和《高等学校计算机科学与技术专业人才专业能力构成与培养》的要求,结合多年的教学改革实践,面向应用型本科操作系统课程实践教学的需要编写而成,主要内容是一个可伸缩的多层次多单元的操作系统实训方案、两种主流实训平台简介、三种难度五个层次共 28 个实验的内容要求和具体实现指导,以及对实训计划的实施与管理的简单建议。

本书丰富的实训内容可供使用者根据自身的教学条件和能力培养要求进行裁剪。本书配套教学资源丰富,便于自学,可作为应用型本科院校计算机类专业操作系统课程的实验教材。与本书配套的电子教案等教学资源可从清华大学出版社网站下载,网址为 http://www.tup.tsinghua.edu.cn。

图书在版编目(CIP)数据

操作系统实践教程/谢青松,何凯编著.—北京:清华大学出版社,2016
计算机科学与技术专业实践系列教材
ISBN 978-7-302-42229-7

Ⅰ.①操…　Ⅱ.①谢…　②何…　Ⅲ.①操作系统—高等学校—教材　Ⅳ.①TP316

中国版本图书馆 CIP 数据核字(2015)第 279058 号

责任编辑:白立军　薛　阳
封面设计:傅瑞学
责任校对:梁　毅
责任印制:宋　林

出版发行:清华大学出版社
　　　　网　　　址:http://www.tup.com.cn,http://www.wqbook.com
　　　　地　　　址:北京清华大学学研大厦 A 座　　　　　　　邮　　编:100084
　　　　社 总 机:010-62770175　　　　　　　　　　　　　　邮　　购:010-62786544
　　　　投稿与读者服务:010-62776969,c-service@tup.tsinghua.edu.cn
　　　　质量反馈:010-62772015,zhiliang@tup.tsinghua.edu.cn
　　　　课件下载:http://www.tup.com.cn,010-62795954
印 刷 者:北京富博印刷有限公司
装 订 者:北京市密云县京文制本装订厂
经　　销:全国新华书店
开　　本:185mm×260mm　　　　印　　张:15　　　　字　　数:373 千字
版　　次:2016 年 3 月第 1 版　　　　　　　　　　　　印　　次:2016 年 3 月第 1 次印刷
印　　数:1~2000
定　　价:29.00 元

产品编号:036223-01

前　言

操作系统是一门理论性和实践性都很强的课程。要学好操作系统的设计原理,除了听课、看书、做习题外,最好的方法就是在实践中进行,包括使用和配置操作系统、阅读和分析开源操作系统、自己设计小型操作系统、内核模块或模拟算法等。

本实践教程本着高等院校应用型本科教育"理论够用、注重实践、突出能力培养、兼顾持续发展"的原则,结合讲授国家级精品课程"操作系统"的经验编写而成,以期更好地满足应用型高等院校计算机专业师生的需求。

本书的主要内容是一个可伸缩的多层次多单元的操作系统实训方案、两种实训平台简介、三种难度五个层次共 28 个实验的内容要求和具体实现指导,涉及操作系统的进程管理、存储管理、设备管理、文件管理、安全管理和用户接口的使用等多个方面。28 个实验中面向应用、难度适中的使用级、系统管理级、观察分析级实验和用户级 API 编程实验是必做题,旨在锻炼独立使用、观察和分析操作系统的能力,以及独立利用操作系统提供的字符命令和图形用户接口、系统调用与服务等来管理、配置计算机和解决基于操作系统应用问题的实践能力,具体数量可根据需要裁剪。其余为选做题。

本书共 5 章。第 1 章介绍一个可伸缩的多层次多单元的操作系统实训方案;第 2 章介绍两种实训平台 Linux 和 Windows XP;第 3 章介绍三种难度五个层次共 28 个实验的目标和内容要求;第 4 章内容是对第 3 章中 28 个实验的具体实现方法和过程的详细指导;第 5 章给出了实训计划的实施与管理建议。

本书由谢青松和何凯编写,范辉主审。谢青松负责第 1 章、第 2 章、第 3 章和第 5 章的编写及全书的统稿,何凯负责第 4 章的编写。本书出版得到 2014 年山东省普通高校应用型人才培养专业发展支持计划项目资助。范辉教授认真审阅了全书内容,并提出很多宝贵的修改意见;李晋江和孙述和两位副教授提供了部分实验素材,在此一并表示诚挚的感谢。同时还要感谢清华大学出版社的大力支持。另外,本书有些章节引用了参考文献中列出的国内外著作的一些内容,在此谨向各位作者致以衷心的感谢!

由于作者水平有限,书中疏漏与不足之处在所难免,恳请各位专家和读者批评指正。作者的电子邮箱:qs_xie@163.com。

作者

2015.6.30

目　　录

第 1 篇　实训方案与实训基础

第 2 篇　实训内容与实训指导

第 3 篇　实 训 管 理

第 1 篇
实训方案与实训基础

第1章 实训方案

本章内容提要：

教育部关于操作系统课程的实践教学体系的实施方案；

面向应用型本科学生的可伸缩的多层次多单元的操作系统实训方案。

操作系统是计算机科学与技术专业学生必须学习和掌握的一门理论性和实践性并重的核心主干课程和专业基础课程，2009年被列为全国硕士研究生相关专业（4门）基础统考科目之一。操作系统具有技术综合性强、设计技巧高的特点，其基本概念、设计思想、算法和技术可运用到软件开发的其他领域。同时，由于操作系统是一种大型的、复杂软件系统，参与操作系统的设计和开发，有助于学生获得从事大型、复杂系统设计、开发和团队合作的经验。无论是在操作系统上进行应用软件开发，还是从事操作系统本身的研究、设计和开发，都需要理解和掌握操作系统。理解和掌握操作系统的最好途径，就是实践。因此实验和设计实践也是操作系统课程中的重要环节。

本章将简要介绍教育部组织专家制定的关于操作系统课程的实践教学体系的实施方案，以及作者设计的一个面向应用型本科学生的可伸缩的多层次多单元的操作系统实训方案。

1.1 教育部关于操作系统课程的实践教学体系的实施方案

1.1.1 计算机专业基本能力

根据教育部高等学校计算机科学与技术教学指导委员会编制的《高等学校计算机科学与技术专业核心课程教学实施方案》和《高等学校计算机科学与技术专业人才专业能力构成与培养》，计算机专业高级人才的专业基本能力包括以下4个方面。

（1）计算思维能力；

（2）算法设计与分析能力；

（3）程序设计与实践能力；

（4）系统的认知、分析、设计与应用能力。

1.1.2 操作系统课程内容特点及培养目标等

课程教学是实现人才培养目标的手段，要为人才培养总目标服务。操作系统课程内容主要涉及操作系统的基本概念、原理和基本结构等，操作系统的内部工作方式及实现所涉及的数据结构和算法等，设计、开发操作系统过程中的问题、解决方案和折中权衡，操作系统设计实现中的典型技术及其应用技术等。操作系统课程具有如下的特点：理论与实践并重；系统与模块并重；设计与应用并重；原理与实际反差大；内容广泛、知识更新快。操作系统课程是培养学生的计算思维能力、算法设计与分析能力、程序设计与实践能力，以及计算机软硬件系统的认知、分析、设计与应用能力的重要课程。

不同的人才培养目标,对同一门课程学习重点的要求不同。在认知层次上,基础要求是对知识的;而高层次的认知包括分析、评价和创造三种类型。

对于工程型人才,操作系统课程注重从设计者的角度来讨论操作系统的工程实现和基于操作系统的系统开发,并与现实中的主流操作系统对应来理解操作系统的原理,重点培养学生在系统软件方案、设计、开发、实现上的能力,以及系统程序的设计、开发与实践能力。对于科学型人才,操作系统课程侧重培养学生抽象、分析、结构、设计方面的能力,对大型系统软件的设计开发能力,解决操作系统领域中问题的能力,研究和发展操作系统的创新能力。培养科学作风与综合素质,并使学生获得项目管理与团队协作的必要训练。而应用型人才在操作系统领域的认知层次应明显区别于工程型和科学型人才,主要包括对操作系统知识的记忆、理解、应用和评价。应用型人才在各种单位中承担从技术上实施信息化系统的设计、构成、配置和实现的任务。同具体专业应用领域的人才相比,他们掌握和了解各种计算机软硬件系统的功能和性能,善于进行系统的设计、集成和配置,有能力管理和维护复杂信息系统的运行。作为使用操作系统的专业技术人员,应用型人才应该熟练掌握操作系统的基本概念、工作原理,了解其内部结构,掌握基于操作系统支持的系统软件和应用软件的设计原理和开发技术,掌握国际主流操作系统的用户接口以及系统调用技巧。**对于应用型人才,操作系统课程重点培养学生分析、解决基于操作系统应用问题的实践能力,以及在操作系统选型、配置、使用、管理上的能力。**这两方面的能力主要是程序设计与实现能力和系统能力在课程中的具体体现,主要靠实践环节培养,而计算思维能力和算法设计与分析能力,主要在理论讲授环节培养。

1.1.3 操作系统课程的实践教学体系的实施方案

教育部高等学校计算机科学与技术教学指导委员会 2009 年编制了《高等学校计算机科学与技术专业核心课程教学实施方案》,其中关于操作系统课程的实践教学体系的实施方案的设计如下所述:操作系统课程内容丰富,实验与实践内容包含从使用管理、观察分析、编程修改,到系统设计与实现等多个层次。为了体现课程的内容要求和能力培养要求,体现课程特色,强化操作系统研究与开发的实际动手能力,在本实施方案中,综合设计了多层次、多单元的操作系统课程实验和课程设计,并给不同培养类型的高校提供了可选的单元组合方案,如图 1-1 所示。

从实验类型维度分为 4 个实践层次,即使用与管理、观察与分析、编程与修改、设计与实现。涉及操作系统的进程管理、存储管理、设备管理、文件管理和用户接口等多个方面,涵盖大纲规定的认识性、验证性、研究性、综合性等实验。在难度维度上分为用户级和内核初级、内核高级三种难度。针对 Linux、Windows,或者 Solaris 操作系统设计了有特色的实验单元。这 4 个实践层次、三种难度的实验单元相对独立,又环环相扣,逐步深入,前一步实践的结果为后一步实践打下基础。

在选择组合方案的时候,建议遵循符合培养目标要求并且与学生实际情况相结合的原则。根据培养目标、学时数、实验条件和学生实际水平,选择适当的实践层次和实验单元组合,强化所需人才类型的实践动手能力。例如,对于应用型人才,建议选择使用与管理,观察与分析,用户级或内核初级的编程与修改等的实践层次和单元。对于工程型人才,建议选择

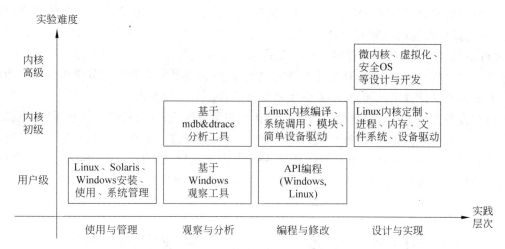

图 1-1　操作系统实验和实践设计体系

用户级或内核初级观察与分析、内核初级编程与修改或内核初级系统设计与实现等的实践层次和单元。对于科学型人才,建议选择内核初级观察与分析,内核初级编程与修改,内核初级与内核高级设计与实现等的实践层次和单元。

4 个实践层次的实验内容概要情况如下,详细内容见参考文献[20]7.5 节"课程实现和课程设计"。

1. 使用与管理

该类实验主要面向 Linux 或 Windows 实践操作基础较弱的学生,通过对 Linux 的安装、使用、系统管理等实验,帮助学生掌握 Linux、Windows 的基本操作,基本用户接口和编程界面,以及系统管理和服务的配置和维护。

对于在学习本课程之前已经具有良好操作基础的学生,可以不进行这部分实验。

2. 观察与分析

该类实验分为用户级和内核初级,通过对实际操作系统内核运行的观察体验以及分析,帮助学生验证、理解、巩固并掌握课内所要求的基本教学内容,加深对操作系统基本概念、原理、算法、设计方法和技巧的认识。用户观察级实验借助 Windows 观察工具,了解操作系统内核数据结构和状态;内核初级的操作系统观察实验,在结合操作系统源代码阅读,了解内核数据结构之间的关系基础上,可以利用操作系统提供的观察工具或者编写脚本,对系统进行更为深入的观察和分析。

3. 编程与修改

该类实验分为用户级和内核初级,培养学生基于操作系统的程序设计和开发能力。用户级的 API 编程通过调用进程和线程、进程通信、存储管理、文件系统等的系统调用,来实现各种应用程序的功能。内核初级实验包括内核编译、系统调用、内核模块、简单设备驱动等。在操作系统源代码阅读分析的基础上,加深对操作系统原理和实现技术的理解。

用户级 API 编程实验主要供应用型和工程型人才培养选用;内核初级实验可供工程型和科学型人才培养选用。

4. 设计与实现

该类实验分为内核初级和内核高级。

内核初级实验和编程与修改层次的内核初级实验相比较,增加了设计实现的难度和复杂度,并与操作系统原理紧密配合。内容包括进程调度、进程同步、内核同步机制、虚拟内存、文件系统、USB 设备驱动程序。学生通过有关课程或自学方式,掌握实验所需知识,通过综合利用这些知识来设计、开发并最终完成实验项目;该类实验旨在培养学生综合应用操作系统原理与设计技术的能力,培养学生带着问题自主学习的能力。

内核高级实验更具有综合性、开放性、创新性和研究性质,涉及可扩展操作系统、虚拟化技术、微内核、安全操作系统等操作系统领域的热点研究课题。实验重在培养学生的研究能力与创新意识。可以结合任课教师的研究工作设定研究题目,也可由学生自选具体目标。该类实验属于开放性实验,但要求学生能提供实验分析与研究报告,写出有见解的心得体会。

1.2　可伸缩的多层次多单元的操作系统实训方案

1. 应用型本科"操作系统"课程现状

目前,我国应用型本科"操作系统"课程现状可概括为以下几种。

(1) 主要学习操作系统(如 Windows)的基本操作方法,几乎不讲原理;

(2) 只讲基本原理(原理又分为通用的与结合实例的两大类),几乎不做实验;

(3) 讲基本原理,也做实验,但实验内容千差万别:

① 有只练习具体操作系统的基本操作方法(或使用命令)的;

② 有只编写各功能模块的模拟算法和程序的(类似数据结构实验);

③ 有只分析源代码的;

④ 有按照针对人才培养目标(专业基本能力培养要求)的多层次的实训方案进行的(因材施教);

……

2. 多层次实训方案设计主要原则

(1) 要为人才培养总目标服务、要与人才培养定位相适应。

(2) 要以专业能力培养为主线。

(3) 要考虑生源质量、师资力量和实验条件。

(4) 要兼顾学生的个人志向和兴趣发展。

3. 多层次实训方案设计内容

我们经过认真研究教育部高等学校计算机科学与技术教学指导委员会编制的《高等学校计算机科学与技术专业核心课程教学实施方案》,通过总结近三十年来国内外多所高校操作系统课程实践教学开展的情况,从操作系统课程对应用型人才的内容要求(即要掌握操作系统的基本概念、工作原理,了解其内部结构,掌握基于操作系统的系统软件和应用软件的设计原理和开发技术,掌握主流操作系统的用户接口以及系统调用技巧等)出发,考虑到应用型本科院校中也有部分学有余力的优秀学生等情况,给出了一个由5 个实践层次、三种实训难度的多个实验单元组成的可伸缩的实训方案,侧重培养学生在操作系统选型、配置、使用、管理上的能力,以及分析、解决基于操作系统应用问题的实践能力,如图 1-2 所示。

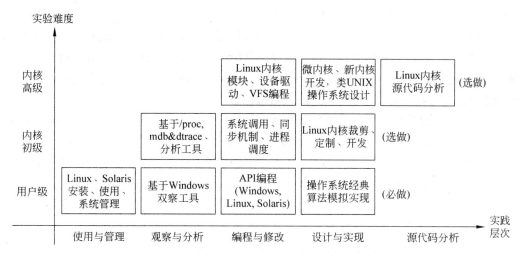

图 1-2 可伸缩的多层次多单元的操作系统实训方案

该实训方案按照实验类型维度分为 5 个实践层次,即使用与管理级、观察与分析级、编程与修改级、设计与实现级和源代码分析级。涉及操作系统的进程管理、存储管理、设备管理、文件管理、安全管理和用户接口的使用等多个方面,涵盖教学大纲规定的认识性、验证性、研究性、综合性等实验。在难度维度上分为用户级和内核初级、内核高级三种难度,针对Linux、Windows 或者 Solaris 操作系统设计了有特色的实验单元。这 5 个实践层次、三种难度的多个实验单元相对独立,又环环相扣,逐步深入,前一步实践的结果为后一步实践打下基础。

其中,在使用级实验里,学生可练习普通用户使用操作系统的常用命令,并对比在不同操作系统中常用命令和操作界面的异同;在系统管理级实验里,学生以系统管理员的身份使用操作系统的常用命令,对不同的操作系统进行配置与管理;在系统行为观察分析级实验里,学生可以用 C 语言或其他编程语言设计并编程,观察并讨论进程异步并发及进程通信等的结果,也可利用操作系统的动态跟踪工具,观察分析操作系统与用户进程的行为;在编程实现级实验里,学生可对经典的算法进行编程,模拟实现一个小型操作系统的部分功能,或者利用中断机制和系统调用修改内核;在源码阅读级实验里,学生可阅读现有操作系统内核的源代码,真正认识现代操作系统,理解操作系统的设计精髓。

4. 多层次实训方案的实施建议

上面提出的可伸缩的多层次多单元的操作系统实训方案所涉及的实验题目有很多,其中面向应用、难度适中的使用级、系统管理级、观察分析级实验和用户级 API 编程实验是必做题,要求全体学生独立完成,旨在锻炼学生独立使用、观察和分析操作系统的能力,以及独立利用操作系统提供的命令接口(这里包括图形用户界面)、系统调用和服务等来管理、配置计算机和解决基于操作系统应用问题的实践能力;而所需综合知识多、难度较大的内核模块添加、裁剪等内核高级编程与设计与实现级实验和源代码阅读与分析级实验是选做题(教师可依据学生完成情况给予加分),可仅要求部分优秀学生(或全体学生)以团队形式分组协作完成,旨在提高学生阅读、分析、改进操作系统源代码的能力,并培养他们的团队协作能力和创新能力。实践证明,原来学习程度各异的学生经过上述实训,其专业应用与创新能力以及对操作系统设计与实现原理的理解能力都会大幅度提升。

　　建议不同院校根据自己的实验条件、师资力量、生源质量和教学计划裁剪实验内容。有条件的院校尽量在Linux平台上开展实训,尽量保留源代码分析类实训内容(我们自己的实践效果证明此类实验有开设必要,哪怕只是入门引导式地做一次)。若能开出课程设计,加大实践课的比例,则会收到更好的实验教学效果。

　　因为Linux是当今最流行的操作系统之一,是个与UNIX兼容并且开源可免费使用和自由传播的操作系统,而Windows依然是近年PC上的主流操作系统,另外一个开源的UMIX类操作系统Solaris(原先Sun公司的)尽管具有极其丰富的查看动态运行的操作系统和用户进程行为的工具及性能分析器,但用户太少,所以本教程的实训内容就安排在前两类操作系统平台上进行,具体是CentOS 5.4(内核版本号2.6.18)和Windows XP,其中前者是主要的实验平台,因为源码阅读级等实验都是在Linux平台上进行的,当然,在Linux上进行的实验基本上也都可以在UNIX平台上直接进行。考虑到不同院校的实验条件可能千差万别,选择其他实训平台的院校可以把相同实验题目在不同版本操作系统的差异分析作为新的实验内容加入到用户级和内核初级的观察分析级(或编程实现级,或源代码分析级)实验单元中。而源代码分析级实验可完全不限Linux内核版本,甚至0.01版也行。

5. 多层次实训方案实验内容选择样例

　　本教程的可伸缩多层次实训方案涉及的操作系统实验有28个,包括4个用户使用级的,8个系统管理级的,8个观察与分析级的,6个编程与实现级的,两个源代码分析级的。实际上这5个模块都还可以扩充。应用型本科院校可以根据各自的条件对实验内容进行裁剪。下面是一个实验内容选择样例,该样例假设学校的操作系统实验计划为20学时,可安排用户应用级、系统管理级、观察分析级、编程实现级和源码阅读级5个不同层次的实验,每个层次的实验安排4个学时,见表1-1。这5个层次的实验最好都在Linux平台上进行,其中前3个层次的实验,重点培养学生系统选型、安装、基本使用的能力,系统管理与配置的能力,以及用户级API编程能力,要求每个学生必须独立完成,所给学时基本够用。而后2个层次的实验,重点培养学生综合运用操作系统原理与设计技术的能力以及阅读和分析源代码的基本方法和能力,要求学生分组协作完成,所给学时不够,需要学生在课外充分利用图书和网络资源,提前做好实验准备,大约要花费5~10个学时的时间。

表 1-1　多层次实训方案实验内容选择样例

序号	实验级别	实　验　内　容	应用型要求	选做/必做	完成形式	实验学时
1	用户应用级	1. 安装 Linux 2. 安装 Windows XP 3. Linux 系统用户接口和编程界面 4. Windows 操作系统界面认识	掌握系统选型、安装、基本使用的能力	必做	独立	4
2	系统管理级	1. 在 Linux 中使用优盘 2. 在 Linux 上配置 FTP 服务器 3. 屏蔽 Windows XP 桌面上的"回收站" 4. 停止 Windows XP "自动升级"服务	掌握系统管理和配置的能力	必做	独立	4

序号	实验级别	实　验　内　容	应用型要求	选做/必做	完成形式	实验学时
3	观察分析级	1. 观察 Linux 进程的异步并发执行 2. Linux 进程间的通信 3. 在 Linux 中共享文件 4. 观察 Linux 内存分配结果 5. 观察 Windows XP 注册表的内容	了解系统内部工作方式,掌握基本用户级 API 编程能力	必做	独立	4
4	编程实现级	1. 进程调度模拟程序设计 2. 页面置换模拟程序设计 3. 文件系统模拟设计 4. 在 Linux 中添加系统调用 5. 在 Linux 中编写字符设备驱动程序	基本掌握综合运用操作系统原理与设计技术的能力	选做	分组协作	4
5	源码阅读级	1. Linux 源代码专题分析——进程调度程序 2. 跟踪系统查找文件过程	了解 Linux 内核源代码结构,掌握阅读和分析源代码的基本方法和能力	选做	分组协作	4

第 2 章　实 训 基 础

本章内容提要：

Linux 操作系统概述；

Windows 操作系统概述。

操作系统一般的设计原理与主流操作系统的实现之间有相当的距离。本章主要概述作为实训平台的两个操作系统案例，以期帮助读者对实训平台有个理性的总体认识，特别是在操作系统接口方面。读者既要注意这两个操作系统案例的不同点，又要注意它们与操作系统一般的设计原理的差别。

2.1　Linux 操作系统概述

2.1.1　Linux 的起源和历史

Linux 操作系统应该说是 Internet 的产物，其诞生颇具传奇色彩。最初，它只是一个在 1991 年由芬兰赫尔辛基大学计算机系二年级学生 Linus Torvalds 写的并不完善的操作系统内核。当时，Linus 在学习 Minix 操作系统（这是一个由荷兰阿姆斯特丹 Vrije 大学的国际知名操作系统专家 Andrew S. Tanenbaum 主持设计与实现的，可供全世界高校师生免费使用的微型的 UNIX 操作系统，目前的版本是 Minix 3.0），他先在 Minix 上写了一个进程切换器，后又写了一个上网用的终端仿真程序，再后来又下载文件编写了硬盘驱动程序和文件系统。因为 Tanenbaum 不许别人随意扩大 Minix（他认为 Minix 麻雀虽小，五脏俱全，用于操作系统教学研究够用了），Linus 就把他写的这个并不完整的操作系统内核源代码放到 Internet 上，供人免费下载和修改，这样就有了 Linux 0.0.1 和 0.0.2 版。没想到，从此以后，奇迹发生了，因特网上许多热心人不断加入到对这个不完善的内核的改进、扩充和完善的行列中，简直成了一场运动，许多人做出了关键的贡献，结果在不到三年的时间里，Linux 就成了一个功能完善、稳定可靠的 UNIX 类操作系统。

1991 年 11 月，Linux 0.10 版本推出，0.11 版本随后在 1991 年 12 月推出，当时将它发布在 Internet 上，免费供人们使用。当 Linux 非常接近于一种可靠的/稳定的系统时，Linus 决定将 0.13 版本称为 0.95 版本。1994 年 3 月，正式的 Linux 1.0 出现了，代码量 17 万行，这差不多是一种正式的独立宣言。经过二十年的发展，Linux 已经成为一个完整的类 UNIX 操作系统，完全可以与 UNIX 和 Windows 等操作系统相较量与抗衡，到 2003 年 12 月，其内核版本已经成了由 Linus Torvalds 亲自负责维护的 2.6.0 版本，2011 年 7 月推出了 3.0 内核版本（从改进幅度上看，Linux Kernel 3.0 其实完全可以叫作 2.6.40，因为其上一个版本是 2.6.39，即 2.6 系列的第 39 次升级维护），目前最新的内核版本是 3.19。现在几乎所有的 Linux 都有一个可爱的标志——取自 Linus 家乡芬兰的吉祥物小企鹅。

Linux 版本说明：

一些组织或厂家，将 Linux 系统的内核与外围实用程序(Utilities)软件和文档包装起来，并提供一些系统安装界面和系统配置、设定与管理工具，就构成了一种发行版本(distribution)，Linux 的发行版本其实就是 Linux 核心再加上外围的实用程序组成的一个大软件包而已。相对于 Linux 操作系统内核版本，发行版本的版本号随发布者的不同而不同，与 Linux 系统内核的版本号是相对独立的。因此把 SUSE、Red Hat、Ubuntu、Slackware 等直接说成是 Linux 是不确切的，它们是 Linux 的发行版本，更确切地说，应该叫作"以 Linux 为核心的操作系统软件包"。根据 GPL 准则，这些发行版本虽然都源自一个内核，并且都有自己各自的贡献，但都没有自己的版权。Linux 的各个发行版本都是使用 Linus 主导开发并发布的同一个 Linux 内核，因此在内核层不存在什么兼容性问题。每个版本都有不一样的感觉，只是在发行版本的最外层才有所体现，而绝不是 Linux 本身特别是内核不统一或是不兼容。

20 世纪 90 年代初期 Linux 开始出现的时候，仅仅是以源代码形式出现，用户需要在其他操作系统下进行编译才能使用。后来出现了一些正式发行版本。目前最流行的几个正式发行版本有：SUSE、Red Hat、Fedora、Debian、Ubuntu、CentOS、Gentoo，等等。用户可根据自己的经验和喜好选用合适的 Linux 发行版。

2.1.2　Linux 的特点

Linux 从诞生到现在备受青睐，主要是由它以下的特点决定的。

1. 免费、源代码开放

Linux 是免费的，获得 Linux 非常方便，而且使用 Linux 可以节省费用。Linux 开放源代码，使得使用者能控制源代码，按照需求对部件进行搭配(修改、添加、删除)。这是 Linux 最大的特点。正是这种源代码的完全公开性和传播的自由性，使得 Linux 从产生之日就受到全世界计算机爱好者以及操作系统的研究者和设计者的喜爱，Linux 自身也从中获益，其功能不断完善和强大。

2. 出色的稳定性和超强的运算能力

Linux 可以连续运行数月、数年而无须重启，这一点比 Windows NT 好多了。一台 Linux 服务器支持 300 个以上的用户毫无问题，而且它不大在意 CPU 的速度，可以把每种处理器的性能发挥到极限。即使作为一种台式计算机操作系统，与许多熟悉的 UNIX 操作系统相比，它的性能也毫不逊色。

3. 功能完善(尤其网络功能丰富)

Linux 几乎包含所有人们期望操作系统拥有的特性，包括多用户、多任务、页式存储、库的动态链接、文件系统缓冲区大小的动态调整等。与 Windows 不同，Linux 完全在保护模式下运行，并全面支持 32 位和 64 位多任务处理。Linux 能支持多种文件系统，如 EXT4、EXT3、EXT2、EXT、XI AFS、ISO FS、HP FS、MS DOS、UMS DOS、PROC、NFS、SYSV、Minix、SMB、UFS、NCP、VFAT、AFFS 等。

Linux 支持所有通用的网络协议，拥有世界上最快的 TCP/IP 驱动程序，故对网络的支持比大部分操作系统都更出色。它能够同因特网或其他任何使用 TCP/IP 或 IPX 协议的网络，经由以太网、快速以太网、ATM、调制解调器、HAM/Packet 无线电(X. 25

协议)、ISDN 或令牌环网相连接。Linux 也是作为 Internet/WWW 服务器系统的理想选择。在相同的硬件下,Linux 通常比 Windows NT、Novell 和大多数 UNIX 系统的性能卓越。

4. 硬件需求低

Linux 刚开始的时候主要是为低端 UNIX 用户设计的,故它可以使很多已经过时的硬件重新焕发青春。在只有 4MB 内存的 Intel 386 处理器上就能运行得很好,而这类机器即便用 Windows 3.x 也很难进行较好的管理。同时,Linux 并不仅限于运行在 Intel x86 处理器上,它在 Alpha、SPARC、PowerPC、MIPS 等 RISC 处理器上也能运行得很好。

5. 开放性和可移植性

Linux 从一开始就遵循世界标准规范,如 POSIX 标准和 X/Open 标准等,而且硬件支持广泛、程序兼容性好,所以具有很好的开放性和可移植性。大部分 UNIX 程序和基于 X-Windows 的程序不需修改就能在 Linux 上运行。另外,Linux 还有 DOS 仿真器和 Windows 仿真器,能运行大多数 DOS 或 Windows 程序,而且因自身的高速缓存能力而使得运行速度更快。

Linux 是目前三大主流操作系统之一,主要占据中低端服务器市场。高端服务器到大型计算机仍是 UNIX 的天下,而低端的 PC 则被 Windows 占据。大概这种格局会维持几年,因为目前在 PC 上支持 Linux 的软件开发商远比支持 Windows 的少,所以它难以撼动 Windows 的市场;而现在人们对它的出身、性能和服务的怀疑,也使得它在高端市场难以和 UNIX 抗衡。但是,具有上述诸多优点的 Linux,作为一种新生代的操作系统,还是大有发展前途的,像 Android 手机就是以 Linux 为基础开发的,世界上大多的超级计算机也都采用了 Linux 系统(2010 年 11 月公布的超级计算机前 500 强,有 459 个运行 Linux 发行版),大多数的数据中心使用 Linux 作为其支撑操作系统,谷歌、百度、淘宝等都通过 Linux 提供了人们每天用的互联网服务。

2.1.3 Linux 的基本结构

Linux 体系结构基本上属于层次结构,如图 2-1 所示(其中的箭头表示依赖关系)。从内到外,可分成三层:最内层是内核,中间是 Shell 及实用程序,最外层是用户程序。

1. 内核

内核是操作系统的灵魂,是抽象的资源操作到具体硬件操作细节之间的接口。Linux 内核是一组提供硬件抽象层、磁盘及文件系统控制、多任务等功能的系统软件,包含进程管理、存储管理、文件管理、设备管理和网络管理等的核心程序,这几部分之间相互合作、共同完成对计算机系统资源的管理和控制。内核运行在 CPU 的核心态。Linux 的官方构建系统仅支持 GCC 作为其内核和驱动的编译器。

2. Shell 和实用程序

Shell(外壳)介于内核和应用程序之间,是用户和 Linux 内核之间的接口。它既是一个命令解释器,同时又是一个简单的编程工具,它拥有自己的命令集合。Shell 接收并解释用户输入的命令,转变成系统调用,并将其送入内核去执行。

除此之外,Linux 在这一层还提供了一些实用工具程序和服务程序,辅助用户来完成特定的任务,大体上可分为编辑器(如 vi、emacs)、过滤器(用于接收过滤数据)、交互程序(用

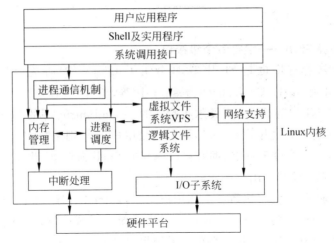

图 2-1 Linux 系统结构简单示意图

户同内核的程序接口,如视窗系统、编译工具、库程序(包括系统调用接口))三类。

3. 用户程序

用户应用程序是运行在 Linux 系统最高层的一个庞大的软件集合。当一个用户程序在 Linux 系统之上运行时,它成为一个用户进程。该层包含许多应用程序,如字处理程序、网络浏览器、计算器、多媒体播放器、系统信息查阅程序等。

2.1.4 Linux 的源代码分布

Linux 系统的源代码是公开的,有助于用户了解、学习和研究 Linux 的结构及实现原理,并且用户也可在其基础上进行开发。

Linux 的源代码一般存放在/usr/src 目录下,但不同的发行版本在/usr/src 目录下可能用不同的子目录来存放。以 Red Hat 9.0 为例,其源代码放在/usr/src/linux-2.4.xx 下,具体又分布在几个子目录下,简介如下。

/arch 包含所有和计算机体系结构相关的核心代码。它下面的每个子目录代表一种体系结构,如 386、sparc 等。

/include 包括编译核心所需的大量的包含文件,即 C 语言头文件。

/init 包含系统的初始化代码。从这里可以了解系统的启动过程。

/mm 包含所有的内存管理代码。

/drivers 包含所有的设备驱动程序。其下还有许多子目录,如/pci、/scsi、/net、/sound 等。每一个子目录下存有一类设备的驱动程序。

/kernel 主要的内核代码。

/net 网络的核心代码。

/fs 文件系统代码,其下每一个子目录代表一类文件系统。

/lib 内核的库文件代码。

/scripts 脚本代码。

2.1.5 Linux 用户接口

1. Linux 的外壳 Shell——字符命令级接口

Linux 的命令解释程序也是 Shell，这是沿用了 UNIX 的"外壳"Shell 程序的结果。Linux 提供的 Shell 有多种，如 sh、bash、tesh、csh 等，其中 Bash Shell 是 Linux 默认的 Shell，它是最早的 UNIX Shell——由贝尔实验室的 Steue Bourne 写的 Bourne Shell 的一个变种，其命令行提示符对普通用户是"$"，而对超级用户 root 则是"#"。

Shell 主要作为一个命令解释器，拥有自己内建的 Shell 命令集，此外它还能被 Linux 系统中其他有效的实用程序和应用程序所调用。

在用户成功登录后，系统将执行一个和用户交互的 Shell 程序，此后，该 Shell 程序将始终作为用户与系统内核的交互手段，直到用户退出系统。系统中的每一位用户都拥有一个默认的 Shell。每个用户默认的 Shell 都存在系统里，由路径为/etc/passwd 的文件所指定。

用户登录进入 Linux 之后，每当输入一个命令，该命令就会被 Linux 的 Shell 所检查和解释执行。若查出用户输入的命令名有错，则 Shell 将显示相应的出错信息；若查出用户输入的命令正确（即要么是个包含在 Shell 内部的命令，要么是个存在于系统中的可执行程序名），则 Shell 将把相应的内部命令或应用程序分解为系统调用，并传给 Linux 内核，让其完成用户的服务请求（由创建的进程执行这个命令或程序）。

Shell 除了是个命令解释程序外，自身还是一个解释型的程序设计语言。因此，Shell 程序设计语言支持程序控制结构，如循环、函数、变量和数组等。Shell 编程语言易学易用，在任何提示符下输入的命令也能放到一个可执行的 Shell 程序里。Shell 程序也称脚本，它像 DOS 中批处理文件一样，能简单地重复执行某一任务，但其功能远比 DOS 的批处理文件强大和复杂。Shell 编程实例见 2.1.6 节。表 2-1 给出了一些 Linux 基本使用命令。

表 2-1 Linux 基本使用命令

命令名	功　　能
ls	显示文件属性和目录内容，相当于 MS-DOS 的 dir
cat	将指定文件内容输出至标准输出设备，通常用来显示文件内容，相当于 MS-DOS 的 type
more	文件内容分页显示工具
pwd	显示当前工作目录名
cd	更改当前目录
chmod	改变文件访问权限
mkdir	建立目录
cp	复制文件和目录
rm	删除文件或目录
clear	清除屏幕，相当于 MS-DOS 的 cls
ps	显示进程状态
kill	给进程发信号，发送信号-9 可杀死进程

命令名	功　　　能
find	在磁盘上查找文件
man	显示指定命令的联机帮助信息，例如 man ls 可见 ls 命令的使用帮助信息
vi	UNIX 传统的文本编辑器，相当于 MS-DOS 的 edit
gcc	Linux 自带的 C 语言编译器
df	显示文件系统磁盘空间使用情况
mount	将特殊文件（即设备）上指定的文件系统安装到指定目录，或显示已安装的文件系统

2. Linux 的系统调用——程序级接口

系统调用是为了扩充机器功能、增强系统能力、方便用户使用而在内核中建立的过程（函数）。用户程序或其他系统程序通过系统调用就可以访问系统资源，调用操作系统功能，而不必了解操作系统内部结构和硬件细节。系统调用是用户程序或其他系统程序获得操作系统服务的唯一途径。它也被称为广义指令，是由操作系统在机器指令（访管指令）基础上实现的能完成特定功能的过程或子程序。操作系统提供系统调用除了为方便用户外，也出于安全和效率考虑，使得用户态程序不能自由地访问内核关键数据结构或直接访问硬件资源。

早期的系统调用用汇编语言编写，可在汇编语言程序中直接使用；后来有些高级语言提供一组与各系统调用相对应的库函数，用户可在应用程序中通过对应的库函数来使用系统调用；最新推出的一些操作系统，如 UNIX 新版本、Linux、Windows 和 OS/2 等，其系统调用干脆用 C 语言编写，并以库函数形式提供，故在用 C 语言编制的程序中可直接使用系统调用。系统调用是一种动态调用，用户程序是经过访问中断切换到核心态执行系统调用程序的。

Linux 采用类似 UNIX 技术实现系统调用，用户不能任意拦截或修改，保证了内核的安全性。Linux 现在的版本最多可支持近两百个系统调用，应用程序和 Shell 通过系统调用机制访问 Linux 内核（开放的服务功能）。每个系统调用由以下两部分组成。

（1）核心函数。这是实现系统调用功能的可共享的内核代码，用 C 语言书写，常驻内存。它运行在核心态，数据也存放在内核空间，通常它不能再使用系统调用，也不能使用应用程序可用的库函数。

（2）接口函数。这是提供给应用程序的 API，以库函数形式存在 Linux 的 lib.a 中。该库中存放了所有系统调用的接口函数的目标代码，用汇编语言书写。其主要功能是把系统调用号、入口参数地址传送给相应的核心函数，并使用户态下运行的应用程序陷入核心态。

Linux 中有一个用汇编语言编写的系统调用入口程序 entry(sys_call_table)，它包含系统调用入口地址表和所有系统调用核心函数的名字，而每个系统调用核心函数的编号在头文件 include/asm/unistd.h 中定义。Linux 系统调用号就是系统调用入口表中位置的序号，所有系统调用通过接口函数将系统调用号传给内核，内核转入系统调用控制程序，再通过调用号的位置来定位核心函数，Linux 内核的陷入由 0x80（int80h）中断实现。系统调用控制程序的工作流程如下。

（1）取系统调用号,检验合法性;

（2）建立调用堆栈,保护现场信息;

（3）根据系统调用号定位核心函数地址;

（4）根据通用寄存器内容,从用户栈中取入口参数;

（5）核心函数执行,把结果返回应用程序;

（6）执行退栈操作,判别调度程序 scheduler 是否要被执行。

表 2-2 给出了一些 Linux 基本的进程管理类系统调用。

表 2-2　Linux 基本的进程管理类系统调用

系统调用(函数名)	功　　能
fork( )	建立一个子进程
exec( )	加载可执行程序或代码(是个系列系统调用,包含 execl、execv 等 5 个)
exit( )	终止当前进程
wait( )	等待一个子进程退出
waitpid( )	等待指定的子进程退出
kill( )	向一个进程发信号
killpg( )	向一个进程组发信号
getpid( )	获取进程标识
getppid( )	获取父进程标识

3. Linux 的图形窗口界面——X Window

母语非英语国家的计算机用户总是抱怨计算机的操作命令难记,于是从 20 世纪 80 年代开始的操作系统逐渐引入图形窗口界面(Graphical User Interface,GUI),现在主流的操作系统都支持 GUI。

Linux 除了 Shell 界面以外,也配有 GUI,这就是 X Window 系统。

X Window 系统产生于 20 世纪 80 年代中期,是由美国麻省理工学院研制的一个分布式图形工作环境。Linux 选用了目前最流行的版本 X11R6 的标准实现免费版 XFree86。X11R6 是由 X 联合会支持开发的,而 XFree86 是由 XFree86Project 公司提供的。XFree 是移植到基于 Intel 系统的 X11R6 的标准实现,故也称为 X11Window 系统,或简称 X11。XFree86 的图形界面包含 3500 个文件,200 个客户程序,500 个以上字体及 500 多个图形映像。

XFree86 提供了重叠窗口,快速图形绘画,高分辨率的位图、图形、图像,以及高质量文本,而且还支持 Linux 的多进程处理。用户通过 X Window 的图形化用户界面,可以方便地利用鼠标、键盘、图标按钮、菜单、窗体、滚动条和对话框等与系统进程交互。

虽然 X Window 和 MS Windows 从外观到使用都十分相似,但二者之间存在本质上的不同。最大的区别在于以下两个方面。

（1）X Window 具有灵活的界面。X Window 的各个界面之间是完全不同的,这主要归功于 X Window 强大的窗口管理器,这是 MS Windows 所没有的。X Window 可以通过窗口管理器生成多个界面,而 MS Windows 只有一套界面操作方式;X Window 的各个界面之间是完全不同的,而并非像 MS Windows 那样通过定制工具改变界面,界面的差异很细微。

(2) X Window 是个客户/服务器(Client/Server)系统。服务器显示在客户机上运行的程序,服务程序与客户程序之间借助 X 通信协议进行通信。在此模式下,多个用户可以同时访问一个服务器,一个用户也可以同时和多个服务器相连。客户程序和服务器程序可运行在不同的机器上,并且应用程序的运行及其结果的显示可以分布在不同的计算机上,是一种典型的分布式图形工作环境。

X Window 系统最基本的部分(即 Server 部分)只提供最基本的窗口功能,如建立窗口、在窗口中写入文字或画图形、控制键盘和鼠标的输入及取消窗口等,其余的大部分关于窗口的操作由窗口管理器来处理。窗口管理器是和核心相分离的一个特殊的客户程序,可以改变包括缩放、移动、关闭窗口的方法以及启动程序的方法。常见的集成化的窗口管理器有:GNOME、KDE、fvm95、Maker 等。

2.1.6　Linux 使用操作简介

1. Linux 的登录和退出

一启动 Linux,就有提示符 login 和 password,输入用户名和正确的口令,并按回车键后,就登录到系统中了。如果输入有误,则会提示用户再次输入口令,进行登录。

一般来说,应尽量避免使用超级用户登录系统,除非要完成系统管理任务。因为系统赋予超级用户(默认名为 root 的用户)无限的权利,并对其登录省去了正常的安全和完整性检查。管理员的错误操作可能对系统造成不可想象的破坏。

当成功登录到系统后,系统将执行一个 Shell 程序。Shell 程序提供了命令行提示符,接收用户输入的命令,并安排它们执行的任务。注意,该 Shell 进程在用户登录时产生,随用户退出而终止,另外,Linux 接收命令行输入时是区分大小写的。

退出系统,可在提示符后面输入 logout 命令。然后,又出现 login。这样就意味着退出系统了。

以上介绍的是 Linux 字符界面下的登录和退出操作。如果是在图形界面下,则登录和退出系统的操作与 Windows 操作系统中的相似,主要通过对话框完成,读者上机一试即可。在图形方式下要使用 Linux 命令,可先启动相当于 Windows 的"命令提示符"的"虚拟终端",该窗口是对字符方式的模拟(即 Shell 窗口),然后直接在其中的命令行提示符下输入要运行的命令即可。

2. Shell 的文件操作常用命令

1) 显示文件目录

ls［-参数］［路径］：显示指定目录下的所有文件和目录。

常用参数：-a：列出指定目录下的所有文件,包括隐藏文件。

　　　　　　-l：以长格式列出指定目录下的内容。

　　　　　　-R：递归列出所有子目录。

　　　　　　-c：按文件修改时间排序。

　　　　　　-s：按文件大小排序。

2）更改当前目录

cd：返回用户工作目录。

cd［目录名］：进入指定目录。

cd..：返回上一级目录。

3）复制文件

cp［-参数］［源文件路径］源文件名［目标文件路径］目标文件名

常用参数：-i：复制时，提醒用户以交互的方式进行操作。

-f：强行进行复制，不提醒用户。

-R：递归复制整个目录，包括其子孙目录。

-p：使复制的文件具有与源文件相同的所有权和存取权限。

4）删除文件和目录

rm［-参数］文件名（或目录名）

常用参数：-i：删除时，提醒用户以交互的方式进行操作。

-r：递归删除整个目录，包括其子孙目录。

-f：强行进行删除，不提醒用户。

5）移动或更改文件名

mv 文件名 目录名：把文件移动到指定目录。

mv 文件名 目录名/新文件名：把文件移动到指定目录，并更改文件名。

mv 文件名 文件名：更改文件名。

6）创建和删除目录

mkdir［-参数］目录名：创建目录。

参数-p：建立多级目录。

rmdir［-参数］目录名：删除目录。

参数-p：删除目录本身及命令行中显示的所有上级空目录。

7）显示/合并文件内容

cat［-参数］文件名 1，文件名 2，……

常用参数：-b：为所有非空行编号。

-n：将文件按行进行编号，包括空行。

cat 文件名 1 文件名 2……＞文件名 n：把文件 1、文件 2……合并到文件 n 中，这里＞为输出重定向符号。

以上只列出了几个常用的文件操作命令，要了解更多的 Shell 命令，请参阅有关教材。

3. Shell 编程示例

Linux 系统中提供了功能强大的脚本编程语言，如 Shell、perl、awk 等。用户使用它们可方便地处理从简单到复杂的各种任务，如配置系统、处理文件、设置定时执行的后台任务等，其中最为常用的 Shell 程序也称命令脚本，功能胜过 DOS 下的批处理文件。

Shell 脚本文件除了可包含在命令行执行的所有 Shell 命令（含重定向命令＜和＞，管道命令|等）外，还可包含变量、数组、表达式、函数及条件转移与循环等控制语句等。Shell 脚本文件以文本文件形式存放，因此可用任何文本编辑器如 vi 或 emacs 创建。

Shell 脚本文件中的注释从♯号标志开始，一直到行末，在脚本执行时，Shell 将忽略注释的内容。以下是一个 Bash Shell 脚本程序示例,该 Shell 程序可以实现把用户目录下所有的 C 语言程序备份到用户的 $ HOME/C-program 目录下。

```
#backup all C program files to /HOME/C-program
if !test-d C-program
    then mkdir C-program
fi
for f in * .c
do
    cp $ f C-program
done
```

这里 if…then…fi 是一种选择结构,for…do…done 是一种循环结构,而 mkdir 和 cp 都是常见的 Shell 命令。条件计算命令 test -d C-program 的含义是:如果 C-program 是个目录(即表达式的值为真),则返回非 0,否则返回 0。

4. Shell 脚本程序的执行

Shell 脚本程序有以下三种执行方法。

(1)先使用"chmod+x shell 脚本程序文件名"命令将 Shell 脚本程序文件的权限置为可执行,然后在 Shell 提示符下直接输入该文件名即可。

(2)在 Shell 提示符下直接输入命令"sh Shell 脚本程序文件名"即可。这种方法实际上是调用了一个新的 Bash 命令解释程序,把 Shell 脚本程序文件名作为参数传递给它。新的 Shell 启动后,依次执行脚本程序文件里列出的命令,直至所有的命令执行完毕。

(3)在 Shell 提示符下直接输入命令"sh<Shell 脚本程序文件名"即可。这使用了重定向技术,使 Shell 命令解释程序的输入取自指定的 Shell 脚本程序文件。

以上介绍的基本操作都是在 Linux 的字符界面下进行的。如果是在图形界面(多数用户安装 Linux 时都会选择系统启动后直接进入图形界面——X Window)下,则操作过程与在 Windows 操作系统中的相似,主要通过窗口、对话框、图标、菜单等完成,本书对此不再详细介绍,感兴趣的读者可参阅其他参考书或者最好亲自上机试一试。

2.1.7　Linux 中的内核模块

内核模块是 Linux 内核向外部提供的一个插口,其全称为动态可加载内核模块(Loadable Kernel Module,LKM),简称为模块。Linux 内核之所以提供模块机制,是因为它本身是一个单内核。单内核的最大优点是效率高,因为所有的内容都集成在一起,但其缺点是可扩展性和可维护性相对较差,模块机制就是为了弥补这一缺陷。

模块是具有独立功能的程序,它可以被单独编译,但不能独立运行。它在运行时被链接到内核作为内核的一部分在内核空间运行,这与运行在用户空间的进程是不同的。模块通常由一组函数和数据结构组成,用来实现一种文件系统、一个驱动程序或其他内核上层的功能。

总之,模块是一个为内核(从某种意义上来说,内核也是一个模块)或其他内核模块提供使用功能的代码块。

内核模块的优点主要有:可使内核映像的尺寸保持在最小,并且伸缩灵活;便于检验新

· 19 ·

的内核代码,而不需重新编译内核并重新引导。

内核模块的引入带来的问题主要有:对系统性能和内存利用有负面影响,一旦装入与内核版本不兼容的内核模块或者质量差的内核模块可能导致系统崩溃;内核模块的装入、卸载和维护需要一定的开销。

尽管内核模块的引入带来了不少问题,但是模块机制确实是扩充内核功能一种行之有效的方法,也是在内核级进行编程的有效途径。

2.2 Windows 2000/XP 操作系统概述

2.2.1 Windows 2000/XP 的由来和特点

由比尔·盖茨(Bill Gates)和保罗·艾伦(Paul Allen)两个年轻人在 1975 年创办的微软公司,先以一个 BASIC 解释程序在微型仪器遥测系统(MITS)公司的爱德华·罗伯茨(Edward Roberts)推出的微型计算机"牛郎星"的星光下开张,后又让其字符界面的单用户操作系统 MS-DOS(1981 推出 1.0 版)搭乘"蓝色巨人"IBM 的 PC 出航,到 20 世纪 80 年代中期,终于登上了软件市场霸主的地位。如今,这个世界上最大的软件公司的产品已经涵盖操作系统、编译程序、数据库管理系统、办公自动化软件等各个领域,个人计算机上采用 Windows 操作系统的约占 90%,微软公司几乎垄断了 PC 软件行业。

1985 年,为了模仿苹果公司的 Mac OS 的多任务图形用户界面,微软公司推出了 Windows 1.0,但真正赢得用户的是其 1990 年开始推出的 Windows 3.x。而它在 1995 年推出的首个 32 位操作系统 Windows 95 才是其第一个能够完全摆脱 DOS 运行的单用户多任务操作系统。后来,其个人(家用)操作系统还有 1998 年推出的 Windows 98 和 Windows 2000 年推出的 Windows Me。其商用操作系统(主要用于服务器和工作站的多用户操作系统)最早见于 1993 年推出的 Windows NT(New Technology)3.1,1996 年推出 4.0 版,2000 年推出的新版改叫 Windows 2000,2003 年的叫 Windows Server 2003。而 2001 年下半年推出的 Windows XP 则是 Windows 2000 与 Windows Me 的下一个版本的合二为一的产品,其设计理念是:把以往 Windows 系列软件家庭版的易用性和商用版的稳定性集于一身,主要仍用于个人计算机。

在 Windows NT 基础上修改和扩充而成的 Windows 2000 能充分发挥 32 位微处理器的硬件能力,在处理速度、存储能力、多任务和网络计算支持诸方面与大型计算机和小型计算机进行竞争。它不是单个操作系统,而包括 4 个系统用来支持不同对象的应用。"专业版 Windows 2000 Professional"为个人用户设计,可支持两个 CPU 和 4GB 的内存;"服务器版 Windows 2000 Server"为中小企业设计,可支持 4 个 CPU 和 4GB 的内存;"高级服务器版 Windows 2000 Advanced Server"为大型企业设计,可支持 8 个 CPU 和 8GB 的内存;"数据中心服务器版 Windows 2000 Datacenter Server"专为大型数据中心设计,可支持 32 个 CPU 和 64GB 的内存;Windows 2000 除继承 Windows 98 和 Windows NT 的特性外,在与 Internet 连接、标准化安全技术、工业级可靠性和性能、支持移动用户等方面具有新的特征,它还支持新的即插即用和电源管理功能,提供活动目录技术,支持两路到四路对称式多处理器系统和全面的 Internet 应用软件服务。另外,Windows 2000 与早期版本的系统相比还具有易用性、易管理性、更好的兼容性和安全性。

　　Windows XP 是一个把家用操作系统和商用操作系统融合为一体的操作系统,它将结束 Windows 两条腿走路的历史,包括家庭版、专业版和一系列服务器版。它具有一系列运行新特性,具备更多的防止应用程序错误的手段,进一步增强了 Windows 安全性,简化了系统的管理与部署,并革新了远程用户工作方式。其名字"XP"的意思是英文中的"体验"(experience)。2011 年 9 月底前,Windows XP 是世界上使用人数最多的操作系统,包括历史占有率最高,更令其后继者 Windows Vista 惨淡收场(Windows Vista 操作系统 2007 年 1 月 30 日上市,其主流支持只到 2012 年 4 月 11 日为止)。根据 Netmarketshare 公司对全球互联网用户的统计数据显示,2012 年 8 月,统治操作系统市场长达 11 年之久的 Windows XP 最终被 Windows 7 超越。2013 年 12 月 30 日,微软公司宣布将于 2014 年 4 月 8 日终止对 Windows XP 的支持服务。2014 年 1 月 16 日,微软公司宣布将会为 Windows XP 的用户提供病毒定义文件更新方面的支持,直到 2015 年 7 月 14 日。

　　Windows 2000/XP 采用基于对象的技术来设计系统,提出了一种客户/服务器系统结构,该结构在纯微内核结构的基础上做了一些扩展,它融合了层次式结构和纯微内核结构的特点,具有模块化程度高、灵活性大、便于维护、系统性能好等优点。

　　像其他许多操作系统一样,Windows 2000/XP 通过硬件机制实现了核心态(管态,kernel mode)和用户态(目态,user mode)两个特权级别,操作系统中那些至关紧要的代码在核心态运行,可以访问系统数据和硬件,而用户程序在用户态运行,不能直接访问操作系统特权代码和数据。这样就使所有操作系统组件都受到了保护,以免被错误的应用程序侵扰,这种保护使得 Windows 2000/XP 成为相当稳定的工作平台。

　　在核心态下运行的组件除了实现最低级的操作系统功能,如线程调度、中断和异常调度、多处理器同步等外,还由执行体实现了一组基本的操作系统服务,如内存管理、进程和线程管理、安全控制、I/O 管理及进程通信等。而像系统支持进程、服务和环境子系统等其他操作系统服务程序则与用户程序一样在用户态下运行。

2.2.2　Windows 2000/XP 体系结构简介

　　Windows 2000/XP 采用基于扩展微内核的客户/服务器系统结构,具有模块化程度高、灵活性大、便于维护、系统性能好等优点。Windows 2000/XP 体系结构框图如图 2-2 所示。下面简单介绍 Windows 2000/XP 体系结构的核心态组件。

　　1. 核心态操作系统组件

　　在 Windows 2000/XP 中,只有那些对性能影响很大的操作系统组件才在核心态下运行。在核心态下,操作系统组件可以和硬件交互,组件之间也可以交互,并且不会引起上下文切换和模式转变。

　　可移植性是 Windows 2000/XP 的一个重要设计目标,即不仅可以在 X86 体系结构下运行,而且可以在其他硬件平台上运行。为实现这一目标,Windows 2000/XP 的核心态操作系统组件采用了分层的结构,将依赖于处理器体系结构或平台的系统底层部分隔离在单独的模块之中,这样系统的高层(执行体,executive)就可以被屏蔽在千差万别的硬件平台之外。提供操作系统可移植性的两个关键组件是硬件抽象层(Hardware Abstract Layer,HAL)和内核(kernel)。依赖于处理器体系结构的功能(如线程上下文切换)在内核中实现,

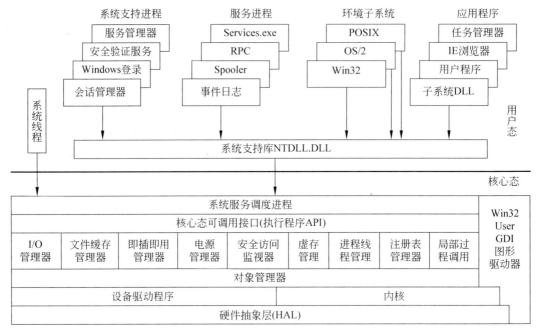

图 2-2 Windows 2000/XP 系统结构

在相同体系结构中,因计算机硬件平台而异的功能在 HAL 中实现。

1) 硬件抽象层

硬件抽象层是一个可加载的核心态模块 HAL. DLL,它为运行 Windows 2000/XP 的硬件平台提供低层接口,将操作系统从与平台相关的硬件差异中隔离出来。HAL 使得每台机器的系统总线、DMA 控制器、中断控制器、系统计时器以及多处理器通信机制对内核来说看上去都是相同的。

2) 设备驱动程序

设备驱动程序是可加载的核心态模块,它们是 I/O 系统和相关硬件之间的接口,把用户的 I/O 函数调用转换成特定硬件设备的 I/O 请求。Windows 2000/XP 的设备驱动程序不直接操作硬件,而是调用 HAL 的某些部分来控制硬件的接口。设备驱动程序包括以下几类。

(1) 硬件设备驱动程序。将用户的 I/O 函数转换为对特定硬件设备的 I/O 请求,再通过 HAL 读写物理设备或网络。

(2) 文件系统驱动程序。接受面向文件的 I/O 请求,并把它们转化为对特定设备的 I/O 请求。

(3) 过滤器驱动程序。截取 I/O 并在传递 I/O 到下一层之前执行某些增值处理,如磁盘镜像、加密。

(4) 网络重定向程序和服务器,一类文件系统驱动程序,传输远程 I/O 请求。

Windows 2000/XP 增加了对即插即用和高级电源选项的管理,并使 WDM(Windows Driver Modle)作为标准的驱动程序模型。从 WDM 的角度看,共有以下三种驱动程序。

(1) 总线驱动程序——用于控制各种总线控制器、适配器、桥或可连接子设备的设备。

（2）功能驱动程序——用于驱动主要设备，提供设备的操作接口。

（3）过滤器驱动程序——用于为一个设备或一个已存在的驱动程序增加功能，或改变来自其他驱动程序的 I/O 请求和响应行为，这类驱动程序是可选的，且可以有任意的数目，它存在于功能驱动程序的上层或下层、总线驱动程序的上层。

在 WDM 的驱动程序环境中，没有一个单独的设备驱动控制某个设备，总线设备驱动程序负责向即插即用管理器报告它上面有的设备，而功能驱动程序则负责操纵这些设备。

3）内核

内核是 NTOSKRNL.EXE 的下层，它实现最基本的操作系统功能，例如，管理线程调度、进程切换、异常和中断处理以及多处理器同步等。中断处理、异常调度和多处理器同步等功能是随处理器体系结构的不同而异的，内核的一个重要功能就是把执行体和处理器体系结构的差异隔离开，为执行体提供一组在整个体系结构上可移植的、语义完全相同的接口。

内核是常驻内存的，永远不会由页面调度程序调出内存。与执行体的其他部分和用户应用程序不同，内核自身的代码并不以线程的方式运行。内核可以被中断服务例程（Interrupt Service Routine，ISR）中断，但是永远不会被抢先。

内核除了实现最基本的操作系统功能外，几乎将所有的策略制定留给了执行体。这一点充分体现了 Windows 2000/XP 将策略与机制分离的设计思想。

4）执行体

Windows 2000/XP 执行体是 NTOSKRNL.EXE 的上层，它由一些重要的组件组成，这些组件为用户态的应用程序提供了系统服务功能（即通常所说的本机 API）。下面简要描述几种主要的执行体组件。

（1）对象管理器：负责创建、跟踪以及删除 Windows 2000/XP 执行体对象。为对象的命名、维护和安全性设置实施统一的规则。

（2）进程与线程管理器：负责创建、跟踪以及删除进程和线程对象。对进程和线程的基本支持在内核中实现，而执行体的进程与线程管理器给这些低级对象附加语义和功能。

（3）I/O 管理器：为应用程序提供访问 I/O 设备的统一框架，负责分发适当的设备驱动程序。它还实现了所有的 I/O API，并实施安全性、设备命名。

（4）安全访问监视器：为访问受保护对象实施访问确认和审核，受保护对象包括文件、进程、地址空间和 I/O 设备等。

（5）本地过程调用 LPC（Local Procedure Call）机制：以类似于分布式处理中远程过程调用（Remote Procedure Call，RPC）的方式在单机系统中在应用程序和环境子系统之间实现客户/服务器模型。

（6）虚拟内存管理器：负责把进程地址空间中的虚拟地址映射为内存中的物理页面。

（7）高速缓存管理器：通过使最近访问过的磁盘数据驻留在内存中来提供快速访问，从而提高基于文件的 I/O 性能。

执行体还包括一组公用的"运行时库"函数，例如，字符串处理、算术运算、数据类型转换和安全结构处理等。此外，还提供窗口管理器：创建面向窗口的屏幕接口，管理图形设备。

2. 用户进程

图 2-2 中粗线上部的方框代表了用户进程,它们运行在私有地址空间中。Windows 2000/XP 支持 4 种基本的用户进程,它们是系统支持进程、服务进程、环境子系统和应用程序,另外,系统支持库也在用户态运行,下面依次对它们进行介绍。

1) 系统支持进程

系统支持进程是未作为操作系统核心的一部分提供的系统支持服务,例如,登录进程 (WinLogon)、会话管理器(SMSS)、系统空闲进程(Idle)、系统代码加载进程和线程 (System)、Win32 子系统(CSRSS)、本地安全身份鉴别服务器进程(LSASS)。这些进程随系统启动,之后,用户可以在"任务管理器"窗口中看到它们。

2) 服务进程

Windows 2000/XP 的服务进程类似于 UNIX 的守护进程,在客户端/服务器应用程序中扮演服务器角色。一些 Windows 2000/XP 组件是作为服务来实现的,例如,事件日志、假脱机、RPC 支持和各种网络组件。Web 服务器就是一个服务进程的例子。

3) 环境子系统

环境子系统向应用程序提供运行环境和应用程序编程接口(Application Programming Interface,API)。Windows 2000/XP 支持三种环境子系统:Win32、POSIX 和 OS/2,其中最重要的是 Win32 子系统,其他子系统都要通过 Win32 子系统接收用户的输入和显示输出。Win32 始终处于运行状态,否则 Windows 2000/XP 就不能工作。Win32 由下面的重要组件构成。

(1) Win32 环境子系统进程 CSRSS,用来支持控制台窗口、创建及删除进程与线程等;

(2) 核心态设备驱动程序,包括控制窗口显示、管理屏幕输出、收集有关输入信息、把用户信息传送给应用程序;

(3) 图形设备接口(GDI),用于图形输出设备的函数库,包括线条、文本、绘图和图形操作函数;

(4) 子系统动态链接库;

(5) 图形设备驱动程序,包括图形显示驱动程序、打印机驱动程序和视频小端口驱动程序;

(6) 其他混杂支持函数。

环境子系统的作用是将基本的执行体系统服务的某些子集提供给应用程序。用户应用程序不能直接调用 Windows 2000/XP 系统服务,这种调用必须通过一个或多个子系统动态链接库作为中介才可以完成。例如,Win32 子系统动态链接库(包括 kernel32.dll、user32.dll 和 gdi32.dll)实现 Win32 API 函数。

当一个应用程序调用子系统动态链接库中的函数时,会出现下面三种情况之一。

(1) 函数完全在子系统动态链接库的用户态部分中实现,这时并没有消息发送到环境子系统进程,也没有调用执行体服务。函数在用户态中执行,结果返回到调用者。

(2) 函数需要一个或多个对执行体系统服务的调用。

(3) 函数要求某些工作在环境子系统进程中进行。在这种情况下,将产生一个客户/服务器请求到环境子系统,其中的一个消息将被发送到子系统去执行某些操作,这可能会使用执行体的本地过程调用(LPC)机制。子系统动态链接库在消息返回给调用者之前会一直等待应答。

环境子系统又称为虚拟机,是 Windows 操作系统实现兼容性的重要组成部分,它的主要任务是接管 CPU 或 OS 的每个二进制代码请求,将它们转换为 Windows 2000/XP 能成功执行的相应指令。Windows 2000/XP 与其他软件的兼容性主要包括:与应用系统 DOS、Windows、OS/2、LAN Manager 和符合 POSIX 规范的系统的兼容性。

4)应用程序

Windows 2000/XP 支持 5 种类型的应用程序:Win32、Windows 3.1、MS-DOS、POSIX和 OS/2。

5)系统支持库 NTDLL. DLL

NTDLL. DLL 是一个特殊的系统支持库,主要用于子系统动态链接。NTDLL. DLL 包含两种类型的函数:

① 作为 Windows 2000/XP 执行体系统服务的系统服务调度占位程序;

② 子系统动态链接库及其他本机映像使用的内部支持函数。

第一组函数提供了可以从用户态调用的作为 Windows 执行体系统服务的接口。这里有二百多种这样的函数,例如 NtCreateFile、NtSetEvent 等,这些函数的大部分功能都可以通过 WIN32 API 访问。

对于这些函数中的每个函数,NTDLL 都包含一个有相同名称的入口点,在函数内的代码含有体系结构专用的指令,它能够产生一个进入核心态的转换以调用系统服务调度程序。在进行一些验证后,系统服务调度程序将调用包含在 NTOSKRNL. EXE 内的核心态系统服务。NTDLL 也包含许多支持函数,例如,映像加载程序、堆管理器和 Win32 子系统进程通信函数以及运行时的通用库例程。它还包含用户态异步过程调用(APC)调度器和异常调度器。

3. Windows 2000/XP 的对象模型

Windows 2000/XP 是一个基于对象的操作系统,大量采用了面向对象的概念,用对象来表示所有的系统资源。简化了进程间资源和数据的共享,便于保护资源免受未经许可的访问。但并非 Windows 2000/XP 中的所有实体都是对象。当数据或资源对用户开放时,或者当数据访问是共享的或受限制时,才使用对象。采用对象方法表示的实体有文件、进程、线程、信号量、互斥量、事件、计时器等。Windows 2000/XP 通过对象管理器以一致的方法创建和管理所有的对象类型,对象管理器代表应用程序负责创建和删除对象,并负责授权访问对象的数据和服务。

Windows 2000/XP 中主要定义了两类对象:执行体对象和内核对象。执行体对象是由执行体的各种组件(如进程管理器、内存管理器、I/O 管理器等)实现的对象,包括进程、线程、区域、文件、事件、事件对、文件映射、互斥、信号量、计时器、对象目录、符号连接、关键字、端口、存取令牌和终端等。用户态程序(如各个服务器对象)可以访问执行体对象。内核对象是由内核实现的一个更原始的对象集合,包括内核过程对象、异步调用过程对象、延迟过程调用对象、中断对象、电源通知对象、电源状态对象、调度程序对象等。内核对象对用户态代码是不可见的,它们仅在执行体内创建和使用。内核对象提供了一些基本性能,许多执行体对象内包含着一个或多个内核对象。

每一个对象都有一个对象头和一个对象体。对象管理器控制对象头,各执行体组件控制它们自己创建的对象类型的对象体。每个对象头都指向打开该对象的进程的列表,同时还有一个叫类型对象的特殊对象,它包含的信息对每个对象实例是公用的。标准的对象头属性如下。

(1) 对象名:对象为共享进程可见。

(2) 对象目录:表示对象名的层次结构。

(3) 安全描述体:指定对象的安全级。

(4) 配额账:指定打开该对象的进程使用系统资源的限额。

(5) 打开句柄计数器:对象句柄打开的次数。

(6) 打开句柄数据库:列出打开该对象的进程。

(7) 永久/暂时状态:对象不用时,对象名及存储空间可否释放。

(8) 内核/用户模式:对象是否在用户模式下使用的标志。

(9) 对象类型指针:一个指向该对象的类型对象的指针。

对象体的格式和内容随对象类不同而不同。对象体中列出的各对象类的属性有对象类名、存取类型、同步能力、分页/不分页、一个或多个方法。对象管理器提供的通用服务程序有关闭句柄、复制句柄、对象查询、对象安全性查询、对象安全性设置、等待单个对象和等待多个对象。

执行体对象和对象服务都是基本设施,环境子系统用它们来构造自己版本的对象和资源。环境子系统为其应用程序提供的对象集一般与执行体所提供的有些差异。Win32 子系统使用执行体对象导出它自己的对象集,其中的大部分直接符合执行体对象。

Windows 2000/XP 通过对象管理器为执行体中的各种内部服务提供一致的和安全的访问手段,它是一个用于创建、删除、保护和跟踪对象的执行体组件,提供了使用系统资源的公共和一致的机制。对象管理器接收到创建对象的系统服务后,要完成以下工作:为对象分配主存;为对象设置安全描述体,以确定谁可使用对象,及访问对象者被允许执行的操作;创建和维护对象目录表;创建一个对象句柄并返回给创建者。

当进程通过名称来创建或打开一个对象时,它会收到一个代表进程访问对象的句柄。所有用户态进程只有获得了对象句柄之后才可以使用这个对象。句柄作为系统资源的间接指针来使用,这种不直接的方式阻止了应用程序对系统数据结构直接地随便操作。对象句柄是一个由执行体进程 EPROCESS 所指向的进入进程句柄表(见图 2-3)的索引,其中包含进程已打开句柄的所有对象的指针。句柄、执行体对象以及内核对象之间的关系如图 2-4所示。

2.2.3 Windows 2000/XP 用户接口

与 Linux 类似,Windows 2000/XP 提供的与用户交互的接口也有三类:基于命令行的Shell,应用编程接口(API),图形用户接口 Windows。

1. Windows 2000/XP 的命令解释程序 Shell

与 Linux 的外壳 Shell 相似,Windows 2000/XP 也有字符命令级接口——命令解释器程序。命令解释器是一个单独的软件程序,它可在用户和操作系统之间提供直接的通信。非图形命令解释器用户界面提供运行基于字符的应用程序和实用程序的环境。通过使用类似于 MS-DOS 命令解释程序 Command. com 的各个字符,命令解释器执行程序并在屏幕上

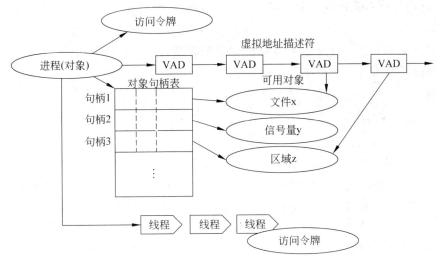

图 2-3　Windows 2000/XP 的进程结构

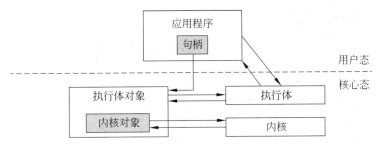

图 2-4　句柄、执行体对象与内核对象之间的关系

显示其输出。Windows 2000/XP 的命令解释器是 Cmd.exe,该程序检查用户输入命令的正确性,对于正确的输入,加载应用程序并指导应用程序之间的信息流动,即负责将用户正确的输入转换为操作系统可理解的形式。Cmd.exe 通常与 Command.com 兼容,但提供更多的命令和功能。而 Command.com 仍然存在基于 NT 内核的系统之上,以保证系统更好的向后兼容。尽管字符界面的命令行看似过时(主要遭到母语非英语的用户难学的诟病),但它在某些方面的表现是 GUI 程序无法获得的,比如,熟练用户可以利用制作简单、体积小的 DOS 启动盘进入 DOS,从而进行数据备份、修复因故障而无法引导的 Windows 系统等工作。另外,Windows 命令行中提供了一系列实用小工具,极为绿色,比如 ping、netstat、dispart 等命令。学习 Windows 命令行,有助于我们更深入地了解 Windows 的工作方式。至今仍有很多软件既有图形前端,又有命令行版可供选择,如 WinRAR。使用命令行版的软件通常具有占用资源少、运行速度快、可通过脚本进行批量处理等优点。

与 Linux 的用户可以用 Shell 写脚本程序相似,Windows 2000/XP 的用户(特别是系统管理员)也可以使用命令解释器创建和编辑可自动执行常规任务的批处理文件(batch file,也称作脚本,是包含一系列命令的文本文件,由命令解释器解释执行,文件扩展名通常为bat)。例如,用户可以使用脚本自动管理用户账户或夜间备份,也可以使用 Windows 脚本主机,即 CScript.exe,在命令行解释器中运行更为复杂的脚本。通过使用批处理文件来执行操作,比使用用户界面来执行操作更为有效。批处理文件接受命令行上可用的所有命令,在"命令提示符"下输入批处理文件名时,文件中的命令将顺序执行。组成批处理文件时可以利用诸如 if、goto 语句及 for 循环等标准程序控制结构的程序控制命令。以下是一个简单的批处理程序示例:

```
cls
echo Hello World!
echo
pause
```

这段批处理程序首先清空控制台信息,然后显示"Hello World!"文本,紧接着输出一个空行,pause 命令会提示"Press any key to continue..."按任意键继续执行。

Windows 2000/XP 的命令保留并增强了几乎 MS-DOS 命令的所有功能。由于升级后功能增加,Windows 2000/XP 保留了大部分 MS-DOS 命令,删除了少量的 MS-DOS 命令,更改并强化了部分 MS-DOS 命令,另外还增加了部分 MS-DOS 中没有的命令。表 2-3 列出的是 Windows 2000/XP 中一些比较常用的命令(其中带 .exe 后缀的为外部命令,在 C:\Winnt\System32 目录下可见)。

表 2-3　Windows 2000/XP 常用命令列表

命令类别	命令名	说　　明
文件系统命令	attrib	显示或更改文件属性
	convert	将 FAT 卷转换为 NTFS
	defrag	磁盘碎片整理程序。定位并合并本地卷中碎片文件,以提高系统性能
	dispart	管理磁盘、分区或卷,可新建、删除等
	expand	展开一个或多个压缩文件(.cab 格式)
	fc	比较两个文件或两个文件集并显示它们之间的不同
	move	移动文件并重命名文件和目录
	subst	将路径与驱动器号关联或者解除关联。无参数将显示虚拟驱动器列表
	tree	以图形的方式显示驱动器或路径的文件夹结构
命令管理	at	安排在特定日期和时间运行的命令和程序。需开启计划服务
	exit	退出当前 Cmd.exe 程序或批处理脚本
	help	提供 Windows 命令的联机帮助信息
	reg	对注册表项信息和项值执行添加、更改、导入、导出等操作命令前缀
	regedit	注册表编辑器
	regsvr32	在注册表中作为命令组件注册 .dll 文件
	set	显示、设置或删除 Cmd.exe 的环境变量
	taskkill	根据进程 ID 或映像名称终止任务
	tasklist	显示本地或远程机器上当前运行的进程列表

命令类别	命令名	说　明
网络相关命令	arp	显示和修改地址解析协议(ARP)使用的"IP 到物理"地址转换表
	ftp	访问文件传输协议(FTP)服务器,上传或下载文件
	hostname	显示当前主机的名称
	ipconfig	显示绑定到 TCP/IP 的适配器 IP 地址、子网掩码、默认网关等配置值
	net	许多服务使用的网络命令前缀,如 net [config|send|session|start]等
	netstat	显示协议统计和当前 TCP/IP 网络连接
	ping	通过发送 ICMP 回送请求来验证能否与另一台主机交换数据报
	telnet	登录运行 Telnet 协议服务器程序的远程计算机

2. Windows 2000/XP 的应用编程接口 API

视窗操作系统应用程序接口(Windows API),是微软公司对于 Windows 操作系统中可用的核心应用程序编程接口的称谓,是能用来操作组件、应用程序或者操作系统的一组函数,被设计为各种语言的程序调用,也是应用软件与 Windows 系统最直接的交互方式。大多数驱动程序所需要的对 Windows 系统的更低层次访问接口,由所用版本的 Windows 的 Native API 来提供接口。API 是用户程序请求 Windows 操作系统服务或功能的唯一途径,反过来说,用户使用 Windows API 编程,既能加快进程,又能拥有对程序执行的绝对控制权,写出功能无比强大的程序,并且对 Windows 系统内部的运行机制也会有更深入的了解。因为 API 函数直接针对 Windows 的底层,可以用简单的语句实现对系统功能的调用。Windows 有一个软件开发包(Software Development Kit,SDK)提供相应的文档和工具,以使程序员开发使用 Windows API 的软件和利用 Windows 技术。Windows 的 API 与 UNIX/Linux 的系统调用大致相当。

在 Windows 系统中,API 保持着一贯的一致性。从 Windows 1.0 以来,系统就提供了 API 函数的调用。随着系统的不断升级,API 函数也不断地得到扩充,高版本的系统对低版本系统的 API 函数都提供了支持。现在,API 函数已经扩充到了几千个。Windows 2000 所用的 API 是基于 32 位体系结构的 Win32 API,它所含的标准函数可分为窗口管理和通用控制、Shell 特性、图形设备接口、系统服务、国际特性和网络服务等几类。

Windows 通过三个组件来支持 API:Kernel、User 和 GDI。Kernel 包含大多数操作系统开放的服务和功能函数,例如内存管理和进程管理;User 集中了窗口管理函数,例如窗口创建、撤销、移动、对话及各种相关函数;GDI 提供图形设备接口,例如画图函数和打印函数等。所有应用程序都共享这三个模块的代码,Windows 将这三个组件置于动态链接库(Dynamic Link Library,DLL)中,即 Kernel32.dll、User32.dll 和 GDI32.dll 构成了 Win32 API 的主体。表 2-4 列出了 Win32 API 中几个进程管理类函数。

Windows XP 在界面方面号称是 Windows 95 以来改变最大的一次升级,在 Windows XP 中增加较多的 API 函数是关于界面和图形的。在图形方面,由于 GDI+(Graphics Device Interface +)的引入而提供的一系列功能强大的函数,使编写程序更容易,运行程序也更快捷。此外,Windows 2000/XP 还提供一系列 API:以支持可嵌入的网页浏览器控件

表 2-4　Win32 API 进程管理类函数

函　数　名	功　　能
CreateProcess(程序名等参数)	建立进程
ExitProcess(退出码)	终止本进程
TerminateProcess(进程句柄、退出码)	终止另一进程
GetExitCodeProcess(进程句柄、退出码指针)	获取指定子进程的退出码,以检查它是否已终结
GetProcessTimes(进程句柄、各时间值指针)	返回指定进程所有线程所占用的 CPU 时间
GetCurrentProcess()	获取当前进程的伪句柄
GetCurrentProcessID()	获取当前进程的唯一标识符
SetPriorityClass(进程句柄、优先级)	改变指定进程的优先级
GetPriorityClass(进程句柄)	获取指定进程的优先级
SetProcessPriorityBoost(进程句柄、禁用否状态)	恢复或废除对指定进程内所有线程优先级的提升
GetProcessPriorityBoost(进程句柄、禁用否状态)	判断指定进程优先级提升是恢复还是废除状态

API 为代表的 Web 相关 API、以 DirectX API 为代表的多媒体相关 API、以支持组件对象模型(COM)API 为代表的程序通信 API。而以 MFC(Microsoft Foundation Class Library)为代表的封装库则允许应用程序以更抽象的方式(比如用面向对象的方式)与 Windows API 进行交互。

3. Windows 2000/XP 的图形用户接口 Windows

图形化用户接口 GUI 本质上是命令级接口从字符方式进化到图形方式的结果,它利用 WIMP 技术(即窗口 Windows、图标 Icon、菜单 Menu 和鼠标 Pointing-device),比传统的命令接口直观、易用,且能激发用户使用计算机的兴趣,利于计算机的普及化,是近年来最为流行的联机用户接口形式,但它以牺牲系统资源为代价。Windows 是 Microsoft 公司开发的广受欢迎的一种 GUI,也是 PC 用户最熟悉的一种 GUI。

GUI 又称多窗口系统,采用事件驱动的控制方式,用户通过动作来产生事件以驱动程序开始工作,事件实质上是发送给应用程序的一个消息。计算机系统有一个基于中断技术的消息处理系统。系统或用户都可把各个命令定义成一个菜单、一个按钮或一个图标,当用户选择后,系统就会自动执行该命令。

Windows XP 拥有一个叫作"月神"Luna 的豪华亮丽的图形用户界面,将传统的"8 位"色系界面带到一个"塑胶"色系的图形窗口界面。Windows XP 带有用户图形的登录界面和全新的 XP 亮丽桌面。它以一个基于任务的新图形用户界面为特色,除了开始采用新的窗口标志外,也开始使用新式"开始"菜单,搜索性能也被重新设计,并加上很多视觉的效果。用户通过 Windows 2000/XP 的图形用户界面,可以方便地利用鼠标、键盘、图标按钮、菜单、窗体、滚动条和对话框等与系统进行交互,在此不再具体介绍。

2.2.4　Windows 2000/XP 注册表

注册表(Registry)是 Microsoft Windows 中的一个重要的中央分层数据库,用于存储为用户、应用程序和硬件设备等配置系统所必需的信息,例如,每个用户的配置文件、计算机上安装的应用程序以及每个应用程序可以创建的文档类型、文件夹和应用程序图标的属性表设置、系统上存在哪些硬件以及正在使用哪些端口、系统的安全策略等,因而它是一个不能随意更改的 Windows 组件,其前身是大量分散的后缀名为 ini 的文本文件。早在 Windows 3.0 推出 OLE 技术的时候,注册表就已经出现(即名为 reg. dat 的数据库)。随后推出的 Windows NT 是第一个从系统级别广泛使用注册表的操作系统。但是,从 Windows 95 开始,注册表才真正成为 Windows 用户经常接触的内容,并在其后的操作系统中继续沿用至今。Windows 已经从 16 位、32 位进化到 64 位,目前 16 位的已经淘汰,最常用的仍然是 32 位的(Windows 2000/XP)。而 64 位 Windows 中的注册表结构大致与 32 位版本相同,但 32 位程序的信息被放在 HKEY_LOCAL_MACHINE\SOFTWARE\Wow6432Node 而不是 HKEY_LOCAL_MACHINE \SOFTWARE(64 位程序的信息放于此处)。

1. 注册表的数据结构

注册表由键(key,或称"项")、子键(subkey,子项)和值项(value)构成。一个键就是树状数据结构中的一个节点,而子键就是这个节点的子节点,子键也是键。一个值项则是一个键的一条属性,由名称(name)、数据类型(datatype)以及数据(data)组成。一个键可以有一个或多个值,每个值的名称各不相同,如果一个值的名称为空,则该值为该键的默认值。

在注册表编辑器(Regedit. exe)中,数据结构显示如图 2-5 所示,其中,command 键是 open 键的子键,(默认)表示该值是默认值,值名称为空,其数据类型为 REG_SZ,数据值为%SystemRoot%\System32\NOTEPAD. EXE "%1"。

图 2-5　注册表编辑器窗口

以上信息的意义是:txt 类型的文件在右键菜单里的"打开"一项使用的程序是"NOTEPAD. EXE",即用记事本打开文件。

2. 注册表的数据类型

注册表的数据类型主要有以下 5 种,如表 2-5 所示。

表 2-5　注册表的数据类型

显示类型(在编辑器中)	数据类型	说　明
REG_SZ	字符串	文本字符串
REG_BINARY	二进制数	二进制值,以十六进制显示
REG_DWORD	双字	一个 32 位的二进制值,显示为 8 位的十六进制值
REG_MULTI_SZ	多字符串	含有多个文本值的字符串
REG_EXPAND_SZ	可扩充字符串	

此外,注册表还有其他的数据类型,但是均不常用:

REG_DWORD_BIG_ENDIAN

REG_DWORD_LITTLE_ENDIAN

REG_FULL_RESOURCE_DESCRIPTOR

REG_QWORD

REG_FILE_NAME

3. 注册表的分支结构

注册表有 5 个一级分支,其名称及作用见表 2-6。

表 2-6　注册表的 5 个一级分支

名　　称	作　　用
HKEY_CLASSES_ROOT	存储 Windows 可识别的文件类型的详细列表,以及相关联的程序
HKEY_CURRENT_USER	存储当前用户设置的信息
HKEY_LOCAL_MACHINE	包括安装在计算机上的硬件和软件的信息
HKEY_USERS	包含使用计算机的用户的信息
HKEY_CURRENT_CONFIG	这个分支包含计算机当前的硬件配置信息

4. 注册表的存储方式

注册表的存储位置随着 Windows 的版本变化而不同。尤其是 Windows NT 系列操作系统和 Windows 95 系列的存储方式有很大区别。注册表被分成多个文件存储,称为 Registry Hives,每一个文件被称为一个配置单元。

在早期的 Windows 3.x 系列中,注册表仅包含一个 reg.dat 文件,所存放的内容后来演变为 HKEY_CLASSES_ROOT 分支。

Windows NT 家族的配置单元文件如表 2-7 所示。

表 2-7　注册表的配置单元

名　　称	注册表分支	作　　用
SYSTEM	HKEY_LOCAL_MACHINE\SYSTEM	存储计算机硬件和系统的信息
NTUSER.DAT	HKEY_CURRENT_USER	存储用户参数选择的信息(此文件放置于用户个人目录,和其他注册表文件是分开的)
SAM	HKEY_LOCAL_MACHINE\SAM	用户及密码的数据库
SECURITY	HKEY_LOCAL_MACHINE\SECURITY	安全性设置信息
SOFTWARE	HKEY_LOCAL_MACHINE\SOFTWARE	安装的软件信息
DEFAULT	HKEY_USERS\DEFAULT	默认启动用户的信息
USERDIFF	HKEY_USERS	管理员对用户强行进行的设置

假设 Windows 安装于 C 盘,则在 Windows XP 以前,文件存放于 C:\WINNT\SYSTEM32\CONFIG,而 XP 及以后则存放于 C:\WINDOWS\SYSTEM32\CONFIG。

5. 注册表的编辑

1) 使用注册表编辑器

Windows 中提供了注册表编辑器(打开后的注册表编辑器窗口如图 2-6 所示),它位于%systemroot%\regedit.exe。在 Windows NT 中使用的则是界面有所不同的 REGEDT32.exe。而在 Windows 2000 中,两个程序同时存在于系统中。部分的原因是 Windows 2000 版本的 regedit.exe 尚不支持对注册表数据设置安全性。但在 Windows XP 及以后的操作系统中,regedit.exe 已经能够支持注册表安全设置,因此 REGEDT32.exe 失去了存在的必要。不过它仍被保留,只是该程序执行时仅仅会自动调用 regedit.exe。

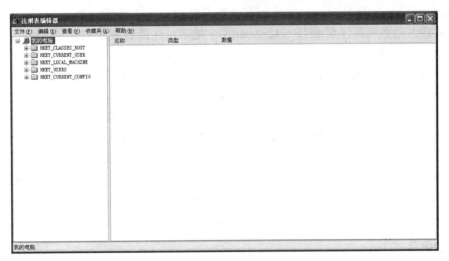

图 2-6　Windows 2000/XP 注册表编辑器窗口

除了编辑本台计算机上的注册表数据之外,注册表编辑器也可以通过"文件"菜单下的 "加载配置单元"菜单项直接编辑文件系统上的注册表数据文件。该功能可以允许用户打开 文件系统中的 RegHive 文件,并将其中的数据映射到 HKEY_USERS 或者 HKEY_ LOCAL_MACHINE 项下的一个子项中。

2) 使用脚本

在 Windows 98 以后的操作系统中,增加了一个脚本语言解释器,可以用来执行一些系 统任务。它可以支持 VBScript 和 JavaScript 两种脚本语言,都提供了访问注册表的功能。 某些病毒就利用这一点通过修改注册表进行传播。

3) 使用第三方或自行编写的软件

访问注册表的系统功能对编程人员是开放的,因此有许多软件都有读写注册表的功能。 事实上,Windows 平台下开发的软件几乎都在不同程度上修改注册表,以便保存一些在程 序多次运行之间需要保留的信息,以及让软件可以通过某种特定方式(例如,右键菜单)启 动。也有一些软件是专门开发出来对注册表进行优化和设置的。

修改注册表的软件,均使用了 Windows SDK 提供的访问注册表的接口,即 Registry APIs。需要创建或打开的键,必须作为当前已经打开的键的子键。HKEY_LOCAL_ MACHINE,HKEY_CLASSES_ROOT,HKEY_USERS,HKEY_CURRENT_USER 等预 定义的键总是已经打开。使用 RegOpenKeyEx 打开键;使用 RegCreateKeyEx 创建键。注 册表允许最大 512 层子键深度。通过一个注册表 API 调用允许一次打开或创建 32 层深度 的注册表的子键。RegCloseKey 关闭已经打开的键,把数据写回注册表。RegFlushKey 把 内存中缓存的注册表已修改数据写回到硬盘上,因此代价高昂,要慎重调用。

RegSetValueEx 把一个值项与其数据关联到一个键上。RegDeleteVaule 从键上删除一个值项。RegDeleteKey 删除一个键,但直到关闭相应的注册表句柄(handle)才真正完成删除操作。

RegEnumKeyEx 枚举一个键下的所有子键。RegEnumValue 枚举一个键下的所有值项。RegQueryValueEx 获取一个值项的数据。

RegSaveKeyEx 可以把一个键及所有子键保存到一个文件中。RegLoadKey 把一个注册表文件装入到系统的注册表,RegUnLoadKey 把系统注册表恢复到原状态。

4)使用 reg 文件

reg 文件也是一种修改注册表的方式。在注册表编辑器中,用户可以通过"文件"菜单中的"导出"菜单项来备份注册表中的某些项目到一个 reg 文件中;之后用户可以再次通过"导入"菜单项将这些项目还原。reg 文件本身也在系统中被关联到 regedit.exe,因此直接双击打开 reg 文件也会起到将其中的项目导入到注册表中的效果。

而事实上,reg 文件是根据一定格式编写的纯文本文件。因此,熟练的用户可以直接使用文本编辑器(比如记事本)来创建自己的 reg 文件,这样做无须在注册表中根据路径一级一级地访问,而且可以直接对大量项目进行批量修改。这些文件还可以被分发给非专业的用户,帮助他们快速地完成注册表的编辑,以减少出错的可能。

风险提示

注册表是 Windows 操作系统的核心。无论是使用注册表编辑器还是软件,一旦对注册表进行了不当修改,结果就像注册表遭到黑客攻击那样,可能造成 Windows 系统的某些功能失效,甚至导致系统崩溃,需要重新安装操作系统。因此,用户必须承担自行更改注册表的风险。建议用户在编辑注册表前,先行备份(可以使用注册表编辑器中"文件"菜单中的"导出"、"导入"菜单项来备份和还原注册表)。

2.2.5 Windows 2000/XP 任务管理器

Windows 任务管理器(Task Manager),是在 Windows 系统中管理应用程序和进程的工具,通常由 Windows 自带,也有提供增强功能的第三方软件。任务管理器可以让用户查看当前运行的程序、进程、用户、网络连接以及系统对内存和 CPU 的资源占用,并可以强制结束某些程序和进程,此外还可以监控系统资源的使用状况。Windows 内置任务管理器的开启方式有以下三种。

(1)右击任务列选取"任务管理器"选项。

(2)使用快捷键 Shift+Ctrl+Esc 就可以直接启动。

(3)使用快捷键 Ctrl+Alt+Del 启动,但在 Windows Vista 及之后的操作系统就要再单击"启动任务管理器"选项才能启动。

通常,Windows 2000/XP 用户启动任务管理器后,可以在"应用程序"标签中进行结束任务,切换程序和新建任务等操作。使用 Windows 任务管理器获得的正在运行的程序信息主要是其运行状态,例如是"正在运行"还是"失去响应"等,而获得的进程信息包括关于 CPU 和内存的使用情况、页面错误、句柄计数、线程计数、基本优先级、进程数、进程标识以及 user 对象等参数信息。使用 Windows 任务管理器看到的计算机性能情况包括 CPU 和内存使用情况图表、计算机上正在运行的句柄、线程和进程的总数、物理、核心和认可的内存总数(KB)。

使用 Windows 任务管理器终止进程很简单,只需单击"进程"选项卡标签,然后单击要中止的进程,再单击"结束进程"即可。但终止进程时要小心。如果结束应用程序,将丢失未保存的数据。如果结束系统服务,系统的某些部分可能无法正常工作。使用 Windows 任务管理器终止程序也很简单,只需单击"应用程序"选项卡标签,然后单击要结束的任务,再单击"结束任务"按钮即可。如果程序停止响应,可按 Ctrl＋Alt＋Del 键启动"任务管理器",单击"应用程序"选项卡标签,单击没有响应的程序,再单击"结束任务"按钮。

第 2 篇
实训内容与实训指导

第3章　实训内容

本章内容提要：

4 个使用级实训目标及要求；

8 个管理级实训目标及要求；

8 个观察分析级实训目标及要求；

6 个编程与实现级实训目标及要求；

两个源代码分析级实训目标及要求。

操作系统是一门理论性和实践性都很强的课程。要学好操作系统的设计原理，除了听课、看书、做习题外，最好的方法就是在实践中进行，包括使用操作系统、阅读和分析已有操作系统的源代码、自己设计小型系统、模块或模拟算法等。

本实践教程安排的实验内容按深度可分为 5 个层次，即使用级、观察级、系统管理级、源码阅读级和实现级，包括操作系统的进程管理、存储管理、设备管理、文件管理、安全管理和用户接口的使用等多个方面。由于内容相对较多，读者可根据自己的需要以及实验条件等酌情选择。

内容使用建议

面向应用、难度适中的使用级、系统管理级、观察分析级实验和用户级 API 编程实验是必做题，旨在锻炼独立使用、观察和分析操作系统的能力，以及独立利用操作系统提供的字符命令和图形用户接口、系统调用与服务等来管理、配置计算机和解决基于操作系统应用问题的实践能力，具体数量可根据需要裁剪。其余为选做题。

3.1　使用级

3.1.1　安装 Linux

1．实训目的

在供实训的微型计算机上安装 Linux 操作系统，后续实训内容都将在此平台上进行。通过实训，要求：

（1）了解硬件资源要求。

（2）学会安装 Linux 系统。

（3）学会启动 Linux 系统。

（4）了解 Linux 多引导器的配置。

2．实训内容

把 Linux 安装到本地硬盘。

主要安装步骤提示：

（1）执行下列操作之一。

① 如果 BIOS 已设置为支持光盘启动，则插入 Linux 安装光盘，重新启动计算机。

②　如果已制作好 Linux 安装 U 盘,则检查确认 BIOS 已设置支持 U 盘启动,插入 U 盘并重新启动计算机。

③　如果从 DOS 环境启动,则在 DOS 提示符下执行批处理命令,如 autoboot。

(2)　对硬盘分区,留出交换空间和根文件系统的空间。

(3)　按提示分阶段装入系统。

(4)　配置系统(可选默认值,但要搞清楚含义)。

3.1.2　安装 Windows XP

1. 实训目的

(1)　通过对 Windows XP 的安装操作,了解操作系统应用环境建立的初步过程。

(2)　掌握 Windows XP 操作系统的基本系统设置。

(3)　了解 Windows XP 多操作系统安装配置的方法。

2. 实训内容

把 Windows XP 安装到本地硬盘。注意:若要与 Linux 并存于同一硬盘上,则把硬盘分成至少两个分区,并且先安装 Windows XP。

主要安装步骤与安装 Linux 相似,在此从略。

注意,按屏幕提示选择合适的文件系统时,建议选择 NTFS。输入的管理员密码要记住。

3.1.3　Linux 系统用户接口和编程界面

1. 实训目的

(1)　熟悉 Linux 字符界面的常用命令和窗口系统。

(2)　熟悉 Linux 常用的编程工具。

(3)　熟悉 Linux 的在线帮助系统。

(4)　掌握在 Linux 操作系统环境上编辑、编译、调试和运行一个 C 语言程序的全过程。

2. 实训内容

(1)　熟悉开机后登录 Linux 系统和退出系统的过程。

(2)　熟悉 Linux 字符界面——虚拟终端窗口和 Shell,以及图形界面——X-Window(如 gnome 或 KDE):练习并掌握常用的 Linux 操作命令,如 ls、cat、ps、df、find、grep、cd、more、cp、rm、kill、at、vi、gcc、man 等;熟悉常用 Shell 的提示符;熟悉字符窗口与图形界面之间的切换。

(3)　学习使用 Linux 的在线帮助系统,如 man 和 help 命令等。

(4)　掌握一种 Linux 的编辑器,特别是字符界面的编辑器 vi 的使用。

(5)　用 vi 编辑一个输出"Hello, I am a C program"字符串的 C 语言程序,然后编译并运行它,记下整个过程。熟悉 gcc、gdb 等编译器、调试器的使用。

3. 要点提示

1) vi 的最基本使用

vi 编辑器有两种工作状态(或模式):命令状态和编辑状态。当 vi 处于命令状态时,把输入的内容全都视为命令;当 vi 处于编辑状态时,把输入的内容全都作为文本。即仅当 vi

处于编辑状态时，才可以往被编辑的文件（比如源程序）里输入文本内容，而当 vi 处于命令状态时，只能输入命令，这时无法往文件里输入文本。

vi 刚启动时处于命令状态。

从 vi 的命令状态切换到编辑状态需按 I 或 A 键；而从 vi 的编辑状态切换到命令状态需按 Esc 键。

vi 最常用命令（必须在命令状态下输入，注意大小写字母）如表 3-1 所示。

表 3-1　vi 最常用命令

命　令	功 能 说 明
a	从命令状态切换到编辑状态，并从光标所在处后面开始添加文本
i	从命令状态切换到编辑状态，并从光标所在处前面开始插入文本
:q!	放弃存盘，强行退出 vi
:wq	存盘，退出 vi
dd	删除光标所在的行
Ndd	删除从光标所在行开始的连续 n 行
Y	复制当前行到编辑缓冲区
NY	复制当前行开始的连续 n 行到编辑缓冲区
p	将编辑缓冲区的内容粘贴到光标后的一行
P	将编辑缓冲区的内容粘贴到光标前的一行

vi 常用的编辑键（在编辑状态下使用）如表 3-2 所示。

表 3-2　vi 常用的编辑键（功能键）

编辑键	功 能 说 明	编辑键	功 能 说 明
←	光标向左移一个字符	→	光标向右移一个字符
↑	光标向上移一个字符	↓	光标向下移一个字符
Home	光标移至所在行之首	End	光标移至所在行之尾
Page Up	向前翻一页	Page Down	向后翻一页
Del	删除光标后的一个字符	Backspace	删除光标前的一个字符
Esc	从编辑状态切换到命令状态		

假如要编辑一个当前目录下名为 test.c 的 C 语言源程序，则首先需在命令行输入命令“vi test.c”回车，按 I 输进入编辑状态，输入完文本内容后，按 Esc 键切换到命令状态，再输入命令“:wq”（注意此命令第一个符号是个冒号）即可。

vi 是个功能强大的文本编辑器，若想了解更多的操作方法，请参阅相关书籍，或者用命令“man vi”查看其使用帮助信息。

2）C 程序编译及运行过程（主要是编译器 gcc 的使用）

以上面的 test.c 的编译运行过程为例进行说明。首先需在命令行输入命令 gcc test.c

回车,若直接出现命令行提示符,则说明该源程序编译成功,否则,会显示出错提示信息。若编译成功,则当前目录下有个名为 a.out 的可执行文件(这就是刚才 gcc 正确编译 test.c 后默认的输出结果),这时在命令行输入命令“./a.out”回车,即可执行该程序。

若用 gcc 编译时出错,则需要再次修改源程序,并再次编译它。

若不想用 gcc 默认的输出文件名,可用开关-o。例如,若想把上面的程序编译后的可执行结果放在文件 test 中,则只需在命令行输入命令“gcc test.c -o test”回车即可。此后,在命令行输入命令“./test”回车,即可执行该程序。

3.1.4 Windows 操作系统界面认识

1. 实训目的

(1) 熟悉 Windows XP 字符界面的常用命令和窗口系统。

(2) 熟悉 Windows XP 基本的文件管理和系统管理工具。

(3) 熟悉 Windows XP 的在线帮助系统。

2. 实训内容

(1) 熟悉开机后登录 Windows XP 和退出系统的过程。

(2) 熟悉 Windows XP 字符界面——“命令提示符”窗口或“开始”|“运行”|CMD 窗口:练习并掌握常用的 Windows XP 操作命令,如 dir、type、edit、cd、copy、xcopy、del、help、exit、ping、netstat、ipconfig、regedit 等;熟悉常用 Windows XP 的命令行提示符;熟悉字符窗口与图形界面之间的切换。熟悉 Windows XP 的“工作桌面”、“开始程序组”及“任务栏”的组成内容。

(3) 学习使用 Windows XP 的在线帮助系统,如“开始”|“帮助”窗口和 help 命令等。

(4) 熟悉 Windows XP“资源管理器”或“我的电脑”的窗口组成和功能。

(5) 了解 Windows XP“管理工具”的具体内容。

3.2 系统管理级

3.2.1 在 Linux 中添加、删除用户及用户组

1. 实训目的

(1) 了解 Linux 提供的用户及用户组操作命令的功能和使用;

(2) 掌握普通用户切换到 root 用户的方法;

(3) 用上述内容在 Linux 中添加、删除用户及用户组。

2. 实训内容

(1) 在普通用户的命令行提示符下相继输入命令 su 和 root 用户口令转入超级用户模式;

(2) 用 useradd 命令创建用户 ccec;

(3) 用 groupadd 命令创建 ccecgroup 组,并将用户 ccec 加入到组 ccecgroup 中;

(4) 用 id 命令验证上述操作的正确性;

(5) 用 userdel 命令删除 ccec 用户,再使用 groupdel 命令删除 ccecgroup 组;

(6) 用 ls 命令查看第(5)步的结果。

3.2.2　在 Windows XP 中添加、删除用户

1. 实训目的

了解并使用 Windows 图形界面的用户管理工具添加和删除用户。

2. 实训内容

(1) 单击"开始"按钮,选择"设置"|"控制面板",在控制面板里选择"管理工具",在管理工具里选择"计算机管理";

(2) 单击左侧"本地用户和组",选择用户,在界面右侧,即能看到当前系统中已存在的用户;

(3) 在左侧栏用鼠标右击,在弹出菜单中可新建用户;在右侧栏选中用户,右击,可删除用户。

3.2.3　在 Linux 中使用 U 盘

1. 实训目的

(1) 了解 mount 和 umount 命令的功能和使用;

(2) 了解 Linux 设备(重点是硬盘和 U 盘)文件的命名;

(3) 用上述所了解的内容解决在 Linux 中使用 U 盘的问题。

2. 实训内容

(1) 在普通用户的命令行提示符下相继输入命令 su 和 root 用户口令转入超级用户模式;

(2) 用 mount 命令把 U 盘的设备文件安装到/mnt 目录;

(3) 进入/mnt 目录,使用 U 盘(比如,往里复制一个文件);

(4) 退出/mnt 目录,用 umount 命令把 U 盘从系统中卸载;

(5) 按 Ctrl+D 键,退出超级用户模式(即返回到普通用户模式);

(6) 总结在 Linux 中使用 U 盘的过程。(注意,在超级用户模式下请勿随意删除文件或更改口令。)

3.2.4　屏蔽 Windows XP 桌面上的"回收站"

1. 实训目的

(1) 了解 Windows XP 注册表的作用,熟悉注册表编辑器;

(2) 熟悉 Windows XP 注册表中 5 个主要根键的内容与作用;

(3) 了解备份注册表的重要性,掌握备份注册表的基本方法;

(4) 学会通过修改注册表,屏蔽桌面"回收站"图标的方法。

2. 实训内容

(1) 备份注册表(或者打开后导出注册表)。

(2) 运行 regedit 命令打开注册表。

(3) 选择注册表中 HKEY_LOCAL_MACHINE 子窗口(即找到此根键),定位到

HKEY_ LOCAL _ MACHINE \ SOFTWARE \ Microsoft \ Windows \ CurrentVersion \ Explorer\Desktop\NameSpace 分支,在该分支下有多个子键对应桌面上的某些系统图标。

(4) 删除键值为 Recycle Bin 的子键,如子键 645FF040-5081-1-1B-9F08-00AA002F954E。

(5) 重新启动计算机。

(6) 根据备份的注册表内容,恢复注册表中被删除的子键,重新启动计算机。

(7) 观察两次重启后的情况,总结备份、修改和恢复注册表的一般过程。

3.2.5 停止 Windows XP"自动升级"服务

1. 实训目的

(1) 了解 Windows XP 启动后自动开启的服务;

(2) 熟悉 Windows XP 服务管理工具;

(3) 学会通过 Windows XP 服务管理工具停止和启动指定服务的方法。

2. 实训内容

(1) 搜集资料,了解 Windows XP 启动后自动开启的服务有哪些,其中哪些是可以关闭或应该禁止的。

(2) 单击"开始"|"设置"|"控制面板"|"管理工具"|"服务",启动 Windows XP"服务管理器"。

(3) 在窗口右边的服务列表中找到 automatic updates 所在的行,双击它,在出现的"常规"对话框中,"启动类型"选择"手动","服务状态"选择"停止",单击"确定"按钮,关闭打开的各窗口。

(4) 重新启动计算机,观察前后的变化。

(5) 注意,这个实训内容在 Windows XP 中对应的操作过程还可以是:右击"我的电脑",单击"属性",单击"自动更新",在"通知设置"一栏中选择"关闭自动更新。我将手动更新计算机"一项。

3.2.6 在 Linux 中配置 FTP 服务器

1. 实训目的

(1) 了解 FTP;

(2) 了解 Linux FTP 服务器实现方法;

(3) 用上述所了解的一种方法在 Linux 中安装、配置、测试 FTP 服务器。

2. 实训内容

(1) 在普通用户的命令行提示符下相继输入命令 su 和 root 用户口令转入超级用户模式;

(2) 安装 vsftpd;

(3) 用 vsftpd 安装、配置、测试 FTP 服务器;

(4) 总结在 Linux 中配置 FTP 服务器的过程。

3.2.7　在 Linux 中配置 AMP 环境

1. 实训目的

(1) 了解 LAMP；

(2) 学会 LAMP 的安装及简要配置方法；

(3) 掌握简单测试所配置的 LAMP 的方法。

2. 实训内容

(1) 在普通用户的命令行提示符下相继输入命令 su 和 root 用户口令转入超级用户模式；

(2) 安装 Linux Apache、MySQL Server、PHP；

(3) 配置 Apache、MySQL Server、PHP；

(4) 测试 LAMP；

(5) 总结 Apache、MySQL 以及 PHP 如何配合起来提供 Web 服务。

3.2.8　在 Windows 上配置 IIS 服务

1. 实训目的

(1) 了解 Windows 组件及 IIS；

(2) 了解并掌握 IIS 安装及配置方法；

(3) 学会配置 Windows FTP 服务器的方法。

2. 实训内容

(1) 打开"控制面板"，双击"添加或删除程序"图标，选择左侧的"添加/删除 Windows 组件"，进入 Windows 组件向导；

(2) 勾选"文件传输协议(FTP)服务"，安装 IIS；

(3) 配置并测试 IIS；

(4) 配置并测试 FTP 服务器；

(5) 总结 Windows 上配置 IIS 服务的一般过程。

3.3　系统行为观察与分析级

3.3.1　观察 Linux 进程/线程的异步并发执行

1. 实训目的

(1) 了解进程、线程与程序的区别，加深对进程、线程概念的理解；

(2) 掌握进程并发执行的原理，理解进程并发执行的特点，区分进程并发执行与串行执行；

(3) 了解 fork( )系统调用的功能和使用格式，掌握用 fork( )创建进程的方法；

(4) 熟悉 waitpid、exit 等系统调用。

2. 实训内容

(1) 编写一个 C 语言程序，实现在程序运行时通过系统调用 fork( )创建两个子进程，使父、子三个进程并发执行,父亲进程执行时屏幕显示"I am father",儿子进程执行时屏幕显示"I am son",女儿进程执行时屏幕显示"I am daughter"。

（2）编译后,多次连续反复地运行这个程序,观察屏幕显示结果的顺序,直至出现不一样的情况为止。记下这种情况,试简单分析其原因。

（3）修改程序,在父、子进程中分别使用 wait、exit 等系统调用"实现"其同步推进,多次反复运行改进后的程序,观察、记录并分析运行结果。

（4）把（1）中的进程改为线程,重新编程观察并分析运行结果。

3. 要点提示

fork()函数共有三个返回值:0、正数、-1。0 值表示该系统调用创建子进程成功,CPU 控制权在子进程手里(即这是返回给子进程的值);正数值也表示该系统调用创建子进程成功,但控制权在父进程手里(即这是返回给父进程的值,此值实为子进程的标识符);-1 值表示该系统调用创建子进程失败。

3.3.2　观察 Linux 进程状态

1. 实训目的

学习 Linux 操作系统的进程状态,并通过编写一些简单代码来观察各种情况下,Linux 进程的状态,进一步理解进程的状态及其转换机制。

2. 实训内容

（1）了解 Linux 进程状态转换机制和查看进程状态的 ps 命令、向进程发送消息的 kill 命令等的功能与使用方法。

（2）编写一个嵌套两级大循环的 C 语言程序 run_status.c,编译后,后台运行它,并使用 ps 命令观察该进程的状态。

（3）编写一个 C 语言程序 interruptible_status.c,该程序调用 sleep 函数,使其进入睡眠状态。编译后,后台运行它,并使用 ps 命令观察该进程的状态。

（4）编写一个 C 语言程序 uninterruptible_status.c,该程序调用 vfork 函数创建一个子进程,子进程调用 sleep 函数进入睡眠状态。编译后,后台运行它,并使用 ps 命令观察该进程的状态。

（5）编写一个 C 语言程序（zombie_status.c）,该程序的功能是创建一个子进程,然后调用 sleep 函数进入睡眠状态,而子进程什么也不做,直接退出。编译后,后台运行它,并使用 ps 命令观察该进程的状态。

（6）后台运行上面的 run_status 进程,使用 kill 命令,向其发送 SIGSTOP 信号,并使用 ps 命令观察其状态,然后用 kill 命令向其发送 SIGCONT 信号,再使用 ps 命令观察其状态。

（7）总结 Linux 进程的状态定义及转换机制。

3.3.3　在 Linux 中使用信号量实现进程互斥与同步

1. 实训目的

学习 Linux 信号量通信机制,通过实验进一步理解进程间同步与互斥、临界区与临界资源的概念及含义,掌握使用 POSIX 有名信号量进行进程同步、互斥的基本方法。

2. 实训内容

（1）了解 POSIX 有名信号量机制有关的系统调用 sem_open、sem_wait、sem_post、sem_close、sem_unlink 等的功能、参数含义、返回值和使用方法。

（2）编写一个 C 语言程序，进行 10 次循环，每个循环中，屏幕输出两次给定的字符。在使用互斥和不使用互斥的两种情况下，观察多个进程运行时的输出情况。通过实验结果理解进程互斥的概念。

（3）编写两个 C 语言程序，分别模拟下象棋过程中的红方与黑方。简化的走子规则为：开始红先黑后，而后黑、红双方轮流走子，到第 10 步，红方胜，黑方输。要求使用 POSIX 有名信号量实现红黑方走子过程中的同步。将正确编译链接后得到的红黑方程序，分别在前后台同时执行，观察运行结果。

（4）总结利用 POSIX 有名信号量机制实现进程间互斥与同步的方法。

3.3.4 在 Linux 中实现进程间高级通信

1. 实训目的

学习 Linux 进程间通信机制，通过实现一个简化的经典 IPC 问题——生产者/消费者问题示例程序，掌握通过 System V 共享内存接口实现进程间高级通信的基本方法，同时进一步加深对于使用 Linux 信号量实现进程同步的理解。

2. 实训内容

（1）学习 Linux 进程通信机制，特别是共享存储区机制、消息缓冲队列和管道机制等高级通信机制，了解 System V 共享存储区通信机制有关的系统调用 shmget、shmat、shmdt、shmctl 等的功能、参数含义、返回值和使用方法。

（2）编写一个 C 语言程序，解决简化的生产者-消费者问题。要求使用 System V 共享内存来模拟有界的环形缓冲池，而生产者与消费者进程之间的同步与互斥的实现，仍采用 POSIX 的有名信号量机制。

一个简化的生产者-消费者问题描述如下。

一组生产者进程通过一个具有 10 个缓冲区的缓冲池不断地向一组消费者进程提供产品。要求：

① 生产者进程：依次在不同的空缓冲区存放不同的产品，在第 0 个缓冲区写入字符 a，在第 1 个缓冲区写入字符 b，……，在第 9 个缓冲区写入 j，每生产一个产品，在屏幕上打印"Producer-pid：write m"，其中 pid 为该生产者进程的进程 ID，m 为此次生产者进程写入的字符。

② 消费者进程：依次从满缓冲区中读出生产者进程写入的字符，并在读出后，在该缓冲区写入字符 X（如消费者进程读出字符 X，则显然进程同步出现问题），并在屏幕上打印"Customer-pid：read m"，其中 pid 为该生产者进程的进程 ID，m 为此次消费者进程读出的字符。

（3）总结利用共享存储区机制、信号量机制实现进程间通信的方法。

3.3.5 在 Linux 中共享文件

1. 实训目的

（1）熟悉 Linux 支持的文件共享方式；

（2）掌握 Linux 的基于索引节点和基于符号链接的文件共享方法。

2. 实训内容

（1）复习教材或查资料，了解并熟悉 Linux 支持的几种文件共享方式；

（2）熟悉 ln 命令的功能和用法；

（3）掌握用 ln 命令实现基于索引节点和基于符号链接的文件共享的方法；

（4）用 cat、ls 等命令验证自己实现的结果；

（5）总结该实训过程，写出实训报告。

3. 要点提示

ln 命令不带开关"-s"时可实现基于索引节点的文件共享，带开关"-s"时可实现基于符号链接的文件共享。注意，实现符号链接时，作为参数之一的被链接文件的名字应采用绝对路径名。

3.3.6 观察 Linux 内存分配结果

1. 实训目的

学习如何利用 Linux 的 malloc 函数动态申请一段内存空间。

2. 实训内容

（1）了解 Linux 进程空间布局。

（2）了解 malloc 函数的功能和 Linux 虚拟内存管理的原理。

（3）编写一个 C 语言程序，用 malloc 函数申请一段存储空间，并在终端上显示其起始地址。

（4）运行该程序，观察、记录其运行结果，并分析说明结果的地址是否为物理地址。

3.3.7 观察 Windows XP 注册表的内容

1. 实训目的

了解 Windows XP 注册表的组成、作用和基本的使用方法。

2. 实训内容

（1）了解 Windows XP 注册表的由来、组成（包括键、子键、键名、键值等）和作用；

（2）了解 Windows XP 注册表的备份及恢复的方法；

（3）了解 Windows XP 注册表的编辑器；

（4）单击"开始"、"运行"或者在"命令提示符"窗口，输入"regedit"，打开注册表编辑器，熟悉该窗口的各组成部分；

（5）注册表窗口的左子窗口中显示的是树状的注册表键值结构，记下注册表各个根键的名称，并分析其作用；

（6）记录在注册表键 HKEY_LOCAL_MACHINE\SOFTWARE 中包含的子键内容，分析其作用；

（7）查看"自启动"程序，记录或者导出欲修改的自启动分支项，删除右边窗格中的一些键值来禁止某些程序的自启动；

（8）重新启动系统，查看程序的自启动情况，再用保存的内容恢复对注册表的改动。

3. 要点提示

Windows XP 的自启动程序对应的注册表项主要是 HKEY_LOCAL_MACHINE\
SOFTWARE \Microsoft\Windows\CurrentVersion 子键下的 Run 分支、RunOnce 分支和
RunOnceEx 分支。

3.3.8 观察并分析 Windows XP 任务管理器显示的内容

1. 实训目的

通过观察分析 Windows XP 任务管理器显示的内容,学会利用它管理计算机、分析计算
机性能瓶颈。

2. 实训内容

(1)查资料,了解 Windows XP 任务管理器的功能和显示的内容。

(2)打开 Windows XP 的任务管理器,观察并分析其显示的有关进程、性能(特别是内
存、CPU 利用情况)等内容。

(3)总结如何利用屏幕显示的内容管理计算机、了解计算机性能瓶颈。

3.4 实现级

本级的前 3 个实训内容既可在 Linux,也可在 Windows XP 操作系统平台下进行。

3.4.1 进程调度模拟程序设计

1. 实训目的

加深对进程的概念、属性及进程调度过程/算法的理解。

2. 实训内容

(1)给出进程调度的算法描述。

(2)用 C 或 C++ 语言设计一个对 n 个并发进程进行调度的程序,每个进程由一个进程
控制块(PCB)结构表示,该进程控制块应包括下述信息:进程标识 ID、进程优先数
PRIORITY(优先数与优先权成正比)、进程需要的服务时间、进程已运行的时间、进程还需
要运行的时间(初始值为进程服务时间,当进程运行结束时,为 0)、进程的状态 STATE(设
每个进程处于运行 E(executing)、就绪 R(ready)和完成 F(finish)三种状态之一,并假设起
始状态都是就绪状态 R)。为简化起见,所有的时间均以时间片为单位。

(3)模拟调度程序应实现先来先服务 FCFS、时间片轮转(RR)以及简单动态优先级三
种调度算法,运行时选择一种,以利于各种方法的分析与比较。为简化起见,本实验对动态
优先级进行简化:进程每运行一个时间片,优先级减 1,直到进程的最低优先级 1;进程调度
时,选择就绪队列中优先级最高的进程运行。

(4)程序应能显示或打印各种进程状态和参数变化情况,便于观察分析。即要在每个
时间片开始时,显示或打印每个进程的状态、优先级、还需要的服务时间、已运行时间等信
息,并统计完成进程的周转时间及加权周转时间。

3.4.2 页面置换模拟程序设计

1. 实训目的

加深对请求页式存储管理实现原理的理解,掌握页面置换算法。

2. 实训内容

(1) 用 C 或 C++ 语言设计一个程序,模拟一个进程的执行过程。设该进程共有 320 条指令,其地址空间为 32 页(即每个页面中可存放 10 条指令),初始获得 4 个内存块,目前它的所有页面都还未调入内存。在模拟过程中,如果所访问的指令已经在内存,则显示其物理地址,并转下一条指令。如果所访问的指令尚未装入内存,则发生缺页,此时需记录缺页的次数,并将相应页调入内存。如果 4 个内存块中均已装入该作业的虚页面,则需进行页面置换。最后显示其物理地址,并转下一条指令。在所有 320 条指令执行完毕后,计算并显示进程运行过程中发生的缺页率。

(2) 置换算法:请分别考虑 OPT、FIFO 和 LRU 算法。

(3) 进程中指令的访问次序要求按下述原则生成。

① 50% 的指令是顺序执行的。

② 25% 的指令是均匀分布在前地址(即低地址)部分。

③ 25% 的指令是均匀分布在后地址(即高地址)部分。

具体的实施办法是:

① 在 [0,319] 之间随机选取一条起始执行指令,其序号为 m;

② 顺序执行下一条指令,即序号为 m+1 的指令;

③ 通过随机数,跳转到前地址部分 [0,m−1] 中的某条指令处,其序号为 m1;

④ 顺序执行下一条指令,即序号为 m1+1 的指令;

⑤ 通过随机数,跳转到后地址部分 [m1+2,319] 中的某条指令处,其序号为 m2;

⑥ 顺序执行下一条指令,即序号为 m2+1 的指令;

⑦ 重复"跳转到前地址部分、顺序执行、跳转到后地址部分、顺序执行"的过程,直至执行完全部 320 条指令。

(4) 分析程序运行的结果,谈一下自己的认识。

3.4.3 文件系统模拟设计

1. 实训目的

加深对文件系统的内部功能及其实现的理解。

2. 实训内容

用 C 或 C++ 语言设计一个简单的二级文件系统。要求做到以下几点。

(1) 可以实现下列几条命令(至少 4 条)。

① login   用户登录

② dir   列文件目录

③ create   创建文件

④ delete   删除文件

⑤ open   打开文件

⑥ close   关闭文件

⑦ read   读文件

⑧ write   写文件

（2）列目录时要列出文件名、物理地址、保护码和文件长度。

（3）源文件可以进行读写保护。

3.4.4 为 Linux 添加一个系统调用

1. 实训目的

（1）熟悉 Linux 系统调用工作原理；

（2）掌握为 Linux 添加系统调用的方法。

2. 实训内容

（1）复习教材或查资料，了解并熟悉 Linux 系统调用作用及工作原理；

（2）熟悉编译内核的方法；

（3）了解添加系统调用的方法；

（4）添加系统调用，编程验证自己实现的结果；

（5）总结该实训过程，写出实训报告。

3.4.5 为 Linux 添加一个内核模块

1. 实训目的

（1）熟悉 Linux 内核模块的组成、注册及卸载；

（2）掌握 Linux 内核模块的创建、编译、测试方法。

2. 实训内容

（1）复习教材或查资料，了解并熟悉 Linux 动态可加载内核模块的概念、组成、注册、卸载及简要开发过程；

（2）创建 Linux 内核模块；

（3）编译 Linux 内核模块；

（4）测试 Linux 内核模块；

（5）总结该实训过程，写出实训报告。

3.4.6 Linux 中简单的字符设备驱动程序设计

1. 实验目的

（1）理解 Linux 设备驱动程序的基本原理；

（2）掌握 Linux 字符设备驱动程序的编写方法。

2. 实训内容

（1）复习教材或查资料，了解设备文件、设备号、文件操作；

（2）了解并熟悉 Linux 字符设备驱动程序的构成、注册、注销及简要开发过程；

（3）编写一个简单的 Linux 字符设备驱动程序；

（4）编译字符设备驱动程序；

（5）加载并测试字符设备驱动程序；

（6）卸载字符设备驱动程序；

（7）总结该实训过程，写出实训报告。

3.5　源代码阅读级

这部分实训内容难度较大，但很有意义，也很有意思，建议参与者分组协作完成。

3.5.1　Linux 源代码专题分析——进程调度程序

1. 实训目的

（1）了解 Linux 源代码的分布；

（2）了解阅读 Linux 源代码的一般方法；

（3）熟悉 Linux 管理进程用的主要数据结构；

（4）通过阅读 Linux 进程调度有关函数的源代码，理解 Linux 的进程调度算法及其实现所用的主要数据结构；

（5）锻炼源代码阅读、分析能力和团队协作能力。

2. 实训内容

（1）通过查阅参考书或者上网找资料，熟悉/usr/src/linux（注意：这里最后一级目录名可能是一个含具体内核版本号和"linux"字符串的名字）下各子目录的内容，即所含 Linux 源代码的情况。

（2）在概览 Linux 启动和初始化部分源代码基础上，分析 Linux 进程调度有关函数的源代码，主要是 schedule()函数和 goodness()函数，并且要对它们引用的头文件等一并分析。

（3）归纳总结出 Linux 的进程调度算法及其实现所用的主要数据结构。

3.5.2　跟踪系统查找文件过程

1. 实训目的

（1）了解 Linux 源代码的分布；

（2）了解阅读 Linux 源代码的一般方法；

（3）熟悉 Linux 管理文件用的主要数据结构；

（4）通过分析 Linux 文件系统部分源代码，跟踪系统查找文件的过程。

2. 实训内容

（1）通过查阅参考书或者上网找资料，熟悉/usr/src/linux（注意：这里最后一级目录名可能是一个含具体内核版本号和"linux"字符串的名字）下各子目录的内容，即所含 Linux 源代码的情况。

（2）在概览 Linux 启动和初始化部分源代码基础上，分析 Linux 虚拟文件系统及 EXT3 文件系统的部分内核源代码，即其超级块、组描述符、数据块位图、索引节点表、目录项结构及其相关操作的源代码实现，并利用各种可能工具，跟踪、展示 Linux 文件系统管理模块搜索 EXT3 文件系统的/usr/include/stdio.h 文件的过程。

（3）归纳总结出 Linux 根据哪些主要数据结构先检索出文件/usr/include/stdio.h 的索引节点，进而读出其内容的全部过程。

第4章 实训指导

本章内容提要：

4 个使用级实训指导；

8 个系统管理级实训指导；

8 个观察分析级实训指导；

6 个编程与实现级实训指导；

两个源码分析级实训指导。

内容使用建议

面向应用、难度适中的使用级、系统管理级、观察分析级实验和用户级 API 编程实验属于必做题，建议读者先按照第 3 章相应的实验目标及要求提前做好查阅资料和设计方案等方面的准备工作，然后，最好能先做实验，再看本章的指导内容。完成实验后，一定要认真思考总结，写好实验报告。

说明

考虑到本教程多数读者可能对 Windows 比较熟悉，故本章所有涉及 Windows 平台的实训指导内容均从简叙述，读者若有需求可参考其他资料，或者直接与作者联系。

4.1 使用级

4.1.1 安装 Linux

1. 实验说明

学习和动手安装 Linux 操作系统 CentOS 5.4，掌握操作系统的系统配置，了解建立操作系统应用环境的过程。

2. CentOS 简介

CentOS(Community Enterprise Operating System,社区企业操作系统)是 Linux 发行版之一，它是来自于 Red Hat Enterprise Linux(RHEL)依照"开放源代码"规定发布的源代码编译而成。由于出自于同样的源代码，因此有些对稳定性要求高的服务器以 CentOS 来替代商业版本的 RHEL。两者的不同，主要在于 CentOS 不包含"封闭源代码"软件，同时移除了不能自由使用的 Red Hat 商标。CentOS 于 2014 年宣布与 Red Hat 合作，但 CentOS 将会在新的委员会下继续运作，并不受 RHEL 的影响。

CentOS 版本号有两个部分，一个主要版本号和一个次要版本号，分别对应于 RHEL 的主要版本与更新包，如 CentOS 5.4 对应于 RHEL 5.0 的更新第 4 版。截至 2014 年 12 月月底，CentOS 的最新版本是 CentOS 7.0。

CentOS 支持主流的 i386(Intel 32 位)、x86_64(AMD64 和 Intel64,64 位)、PowerPC、龙芯(Loongson)等处理器，而在硬件要求上，CentOS 需要 256MB 内存，4GB 磁盘空间来安

装,因此大多数用户均可以在其个人计算机上安装 CentOS 版本。

3. CentOS 安装过程

不同类型及不同版本的 Linux 操作系统安装过程可能不一样,但基本的概念和安装过程类似,本节以从 Internet 下载的 CentOS-5.4-i386-bin-DVD.iso 镜像为例,介绍 CentOS 5.4 的安装过程,以供读者参考。

1) 安装前准备

(1) 准备安装光盘:使用 UltraISO 等 ISO 管理工具刻录安装光盘,如读者已有安装光盘,可以跳过这一步。

(2) 设置光盘启动:启动计算机,进入 BIOS,设置为光盘启动。

注意:也可使用 USB 进行安装,需要制作 USB 安装盘,并在计算机启动项中设置相应启动项。使用 USB 安装过程和使用光盘安装基本一样,读者可以自行参考相关资料。

2) 安装步骤

光盘插入计算机,启动计算机,即可进入安装。下面简要介绍安装过程。

(1) 步骤 1——选择安装界面。看到如图 4-1 所示的安装光盘启动画面,直接按回车键,进入图形安装界面。

图 4-1　Linux 安装光盘启动界面

(2) 步骤 2——光盘检测。如图 4-2 所示界面询问是否进行光盘检测,选择 Skip 跳过。

(3) 步骤 3——选择安装语言。如图 4-3 所示界面询问安装过程使用的语言,默认为 English,建议选择简体中文。

(4) 步骤 4——选择键盘。如图 4-4 所示界面提示为系统选择键盘,保持默认即可。单击"下一步"按钮,开始进行硬盘分区和格式化。

(5) 步骤 5——硬盘分区及格式化。该步骤会进行硬盘分区及格式化,安装时,请仔细阅读提示,避免数据丢失,即使全部采用默认设置,也要做到心中有数。该步骤主要分为以下 5 个子步骤。

图 4-2　Linux 安装前提示是否进行光盘检测的界面

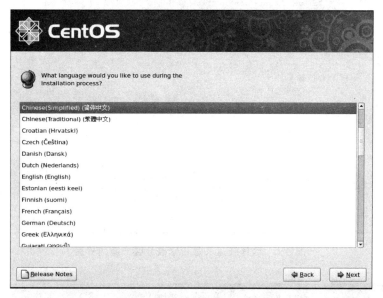

图 4-3　选择 Linux 安装过程使用语言的界面

图 4-4　系统选择键盘的界面

① 步骤 5.1——选择硬盘及是否修改分区方案。图 4-5 为安装程序对硬盘分区前提示选择硬盘及是否修改分区方案的界面,安装程序首先自动检测到计算机中的硬盘,本教程实训环境中为 8GB 的 SCSI 硬盘(注:如果使用 USB 安装,在其中也会出现 USB 盘,在后续的选择中,应避免选择对 USB 安装盘进行操作)。"检验和修改分区方案"复选框默认未勾选,如要自定义分区方案,请勾选该选项。单击"下一步"按钮,显示如图 4-6 所示的当前默认的分区方案。

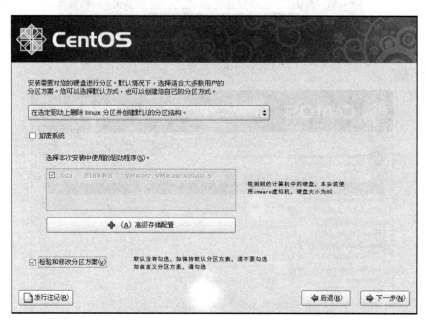

图 4-5　选择硬盘及是否修改分区方案的界面

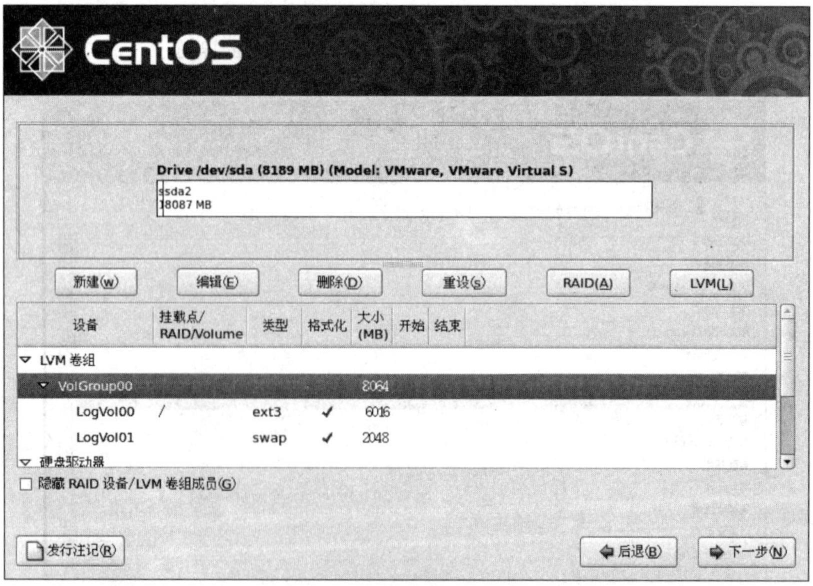

图 4-6　默认的分区方案

② 步骤5.2——自定义分区方案,删除默认分区方案中的逻辑卷。在如图4-6所示的当前默认的分区方案中,安装程序使用逻辑卷管理器(LVM)来管理系统中的硬盘,如对逻辑卷管理不熟悉,或不想使用逻辑卷,可选择逻辑卷组,如VolGroup00,并单击"删除"按钮,删除逻辑卷,删除后的分区方案如图4-7所示。

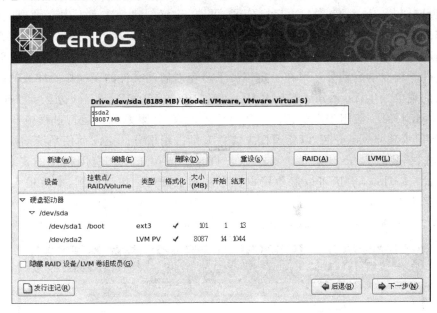

图4-7　删除默认分区方案中逻辑卷后的分区方案

③ 步骤5.3——继续自定义分区方案,再删除默认分区所在的硬盘。在如图4-7所示的删除默认分区方案中逻辑卷后的分区方案里,安装程序将硬盘默认划分成了两个分区,如想继续自定义,选择硬盘驱动器/dev/sda,继续删除,则该硬盘上的分区方案如图4-8所示。

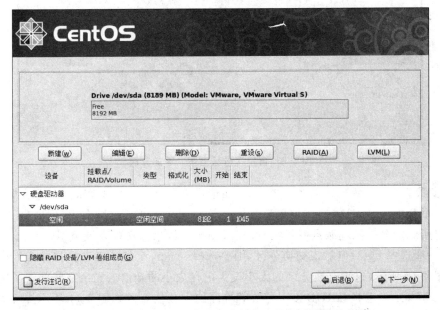

图4-8　删除默认分区方案中逻辑卷及硬盘后的分区方案

④ 步骤 5.4——继续自定义分区方案,在删除了所有默认分区的硬盘上(如图 4-8 所示),选择需要创建分区的空间,使用上方"新建"、"编辑"、"删除"等按钮,用户可以根据自己的要求自行定义分区方案。自定义的分区方案至少有一个独立的根分区,至多有 5 个独立的分区,通常需要对可创建的 5 种类型的分区进行选取考虑。a. /分区:根分区,必要。挂载点是根目录"/"。b. swap 分区:交换分区,可选,建议创建。在虚拟内存管理中,需要进行内存和外存的数据交换,使用独立的交换分区可提高数据交换效率;交换分区的大小一般为系统内存大小的 2 倍左右。c. boot 分区:启动分区,可选。挂载点为/boot,用于存放系统启动文件。独立的启动分区可在一定程度上避免对启动文件的误操作所导致的系统不能正常启动的现象发生;boot 分区不必太大,一般在 100~150MB。d. var 分区:可选,挂载点为/var。/var 目录一般用于系统运行过程中日志记录,如果系统在运行过程中产生大量的日志信息,建议独立 var 分区,以免因日志信息大量占用根分区空间而使系统崩溃。e. usr/local:可选,挂载点为/usr/local。/usr/local 目录一般用于用户应用程序的安装及使用。设立独立的/usr/local 分区可以避免用户程序破坏根分区。作为样例,本教程实训环境的自定义分区方案只包含一个根分区和一个交换分区,具体操作步骤为:在图 4-8 中,选择空闲空间,单击"新建"按钮,可以添加分区,如图 4-9 所示。

图 4-9　自定义分区方案,添加分区

⑤ 步骤 5.5——继续自定义分区方案,在选择需要创建分区的空间中,相继添加一个根分区和一个交换分区,具体操作步骤为:在弹出的"添加分区"对话框(见图 4-9)中,依次选择或指定所添加分区的挂载点(指示分区挂载到哪个目录)、文件系统类型(指示分区文件系统类型,一般选择 ext3;但对于交换分区,则要选择 swap,而且不必选择挂载点)和大小等,结果如图 4-10 所示(这里交换分区的大小设为内存大小的 2 倍。剩余空间都给了根分区)。

⑥ 步骤 6——选择 GRUB 多引导装载程序的安装位置。如图 4-11 所示界面询问是否安装 GRUB 多引导装载程序,若机器上还装有 Windows 等其他操作系统,则应在此选择

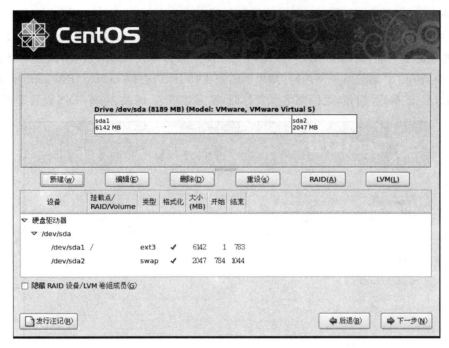

图 4-10　自定义分区方案(只包含一个根分区和一个交换分区)

GRUB 引导装载程序位置。在本示例过程中,由于只有一个硬盘,可使用默认选项。如需自定义,则需勾选"配置高级引导装载程序选项"复选框,进行自定义配置。例如使用 USB安装时,GRUB 多引导装载程序默认会安装在 U 盘上,此时应勾选"配置高级引导装载程序选项"复选框,根据界面提示,将其更改为安装在本地硬盘上,否则可能无法正常启动系统。

图 4-11　GRUB 多引导装载程序的选择安装界面

⑦ 步骤7——网络配置。图4-12为网络配置界面,可选择通过DHCP自动配置或手工配置网络,默认为DHCP。如果不知道如何设置网络,可先保持默认,安装完成后,可自行设置与更改。如果需手工配置,单击"编辑"按钮,在弹出的"编辑接口(即修改网络配置)"对话框(见图4-13)中,输入IP地址及子网掩码,如果不需要支持IPv6,去掉Enable IPv6 support复选框。配置好后,单击"确定"按钮,返回网络设置界面,输入主机名、网关、主备DNS设置即可。

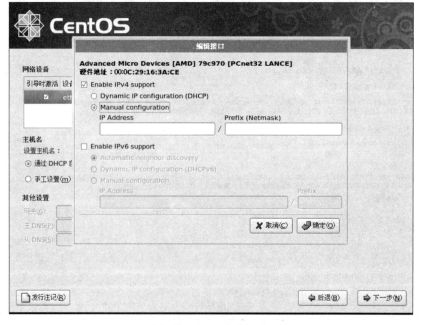

图4-12 网络配置界面

图4-13 "编辑接口"(即修改网络配置)对话框

⑧ 步骤8——定制安装软件。CentOS 安装过程接下来出现的是询问是否进行额外功能软件定制安装的界面,如图 4-14 所示,用户可选择是否进行自定义裁剪操作系统安装的软件、开发支持、图形界面等。如果要自定义裁剪,则选择"现在定制",单击"下一步"按钮,出现如图 4-15 所示的自行裁剪可选择安装的软件界面,在左侧选择软件类型,在右侧选择该类别的软件。对于没有必要的软件,尽量裁剪,以后再需要时,可使用软件管理应用程序来完成。

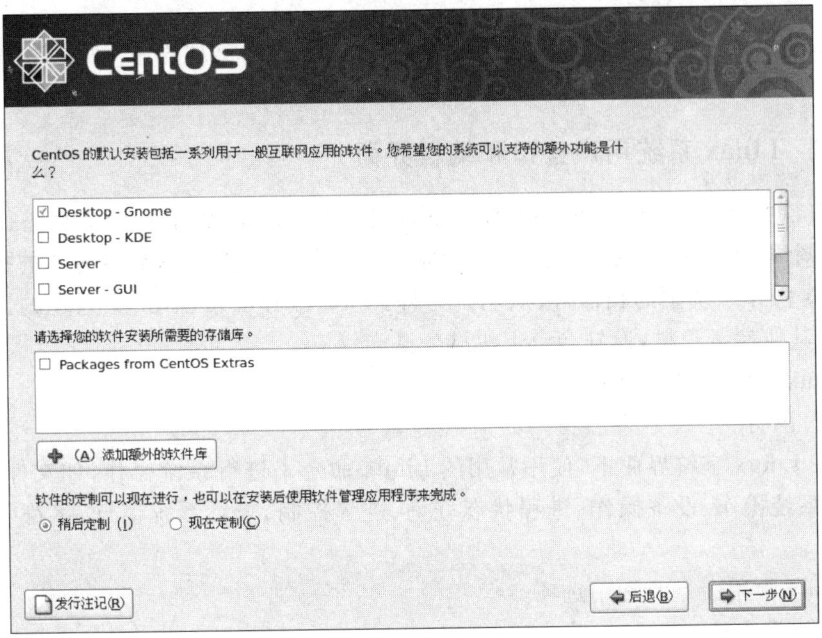

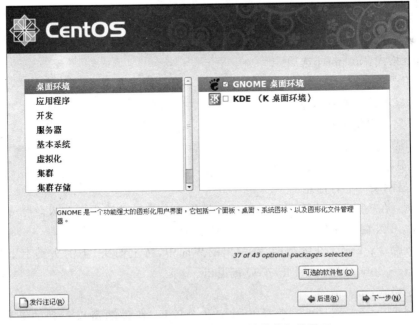

图 4-14 软件定制安装选择界面

图 4-15 自行裁剪可选择安装的软件包的界面

⑨ 步骤9——重启后的配置。后续安装按照提示继续进行,重新启动后,安装程序要进行一系列的配置。包括防火墙、SELinux(Security-Enhanced Linux,安全增强式 Linux,Linux 安全模块,是一种强制访问控制(Mandatory Access Control,MAC)的实现)、日期和时间等的配置。如果仅作为实验环境,建议关闭防火墙与 SELinux。

4.1.2 安装 Windows XP

略。不熟悉的用户可参照4.1.1节大胆尝试,也可查阅书后参考文献或网络资料自行完成。

4.1.3 Linux 系统用户接口和编程界面

本节内容主要涉及 Linux 的字符界面下常用操作命令的使用,以及如何进行 C 语言程序的编写、调试、运行等,很基础、很重要,也很容易被轻视。因为图形界面下的操作过程与在 Windows 操作系统中的相似,故从略。另外,Shell 编程项目从略,感兴趣的读者可参考2.1.6节或其他参考资料,最好亲自上机试一试。

1. Linux 系统用户接口

1) 实验说明

学习在 Linux 字符界面下,使用常用的 Linux 命令来进行系统操作,如文件操作、目录操作、文件系统操作、设备操作、进程状态查询、进程控制、查看系统信息、字符串过滤及搜索等。

2) Linux 常用命令及常用选项

(1) 多终端支持

Linux 允许用户同时打开 6 个终端,可使用 Alt+F1,Alt+F2,…,Alt+F6 键在 6 个终端之间来回切换。

(2) 系统信息及在线帮助命令

① uname 命令:显示系统信息,如主机名、内核版本、硬件平台、内核名称等。

• 命令格式:uname [选项]...
• 常用选项:
  -a:显示系统所有信息
  -n:显示系统主机名
  -s:显示内核名称
  -r:显示内核版本信息
  -i:显示硬件平台信息
• 示例:在超级用户命令提示符 ♯ 或普通用户命令提示符 $ 后输入命令 uname -a,查看系统信息,在终端窗口看到的结果如图 4-16 所示。

② man 命令:Linux 在线帮助,在弹出的界面中,按上箭头、下箭头键上下移动,或按Page Up、Page Down 键上下翻页,按 Q 键退出。

• 命令格式:man ...
• 示例 1:♯ man uname,查看 uname 命令信息,在终端窗口看到的结果如图 4-17 所示。

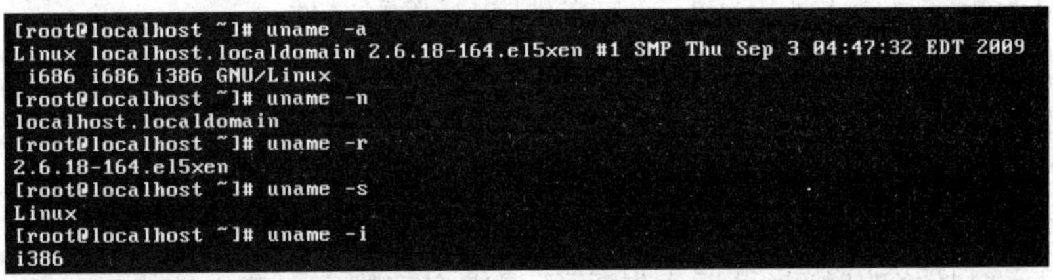

```
[root@localhost ~]# uname -a
Linux localhost.localdomain 2.6.18-164.el5xen #1 SMP Thu Sep 3 04:47:32 EDT 2009
i686 i686 i386 GNU/Linux
[root@localhost ~]# uname -n
localhost.localdomain
[root@localhost ~]# uname -r
2.6.18-164.el5xen
[root@localhost ~]# uname -s
Linux
[root@localhost ~]# uname -i
i386
```

图 4-16　在终端窗口使用 uname 命令查看系统信息

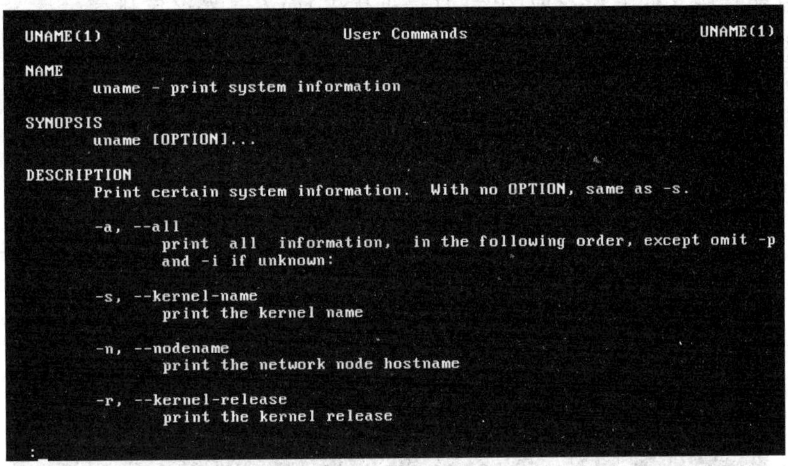

```
UNAME(1)                        User Commands                        UNAME(1)

NAME
       uname - print system information

SYNOPSIS
       uname [OPTION]...

DESCRIPTION
       Print certain system information.  With no OPTION, same as -s.

       -a, --all
              print  all  information,  in the following order, except omit -p
              and -i if unknown:

       -s, --kernel-name
              print the kernel name

       -n, --nodename
              print the network node hostname

       -r, --kernel-release
              print the kernel release
:
```

图 4-17　在终端窗口使用 man 命令查看其他命令的信息

- 示例 2：# man memcpy，查看 memcpy 函数信息，在终端窗口看到的结果如图 4-18 所示。

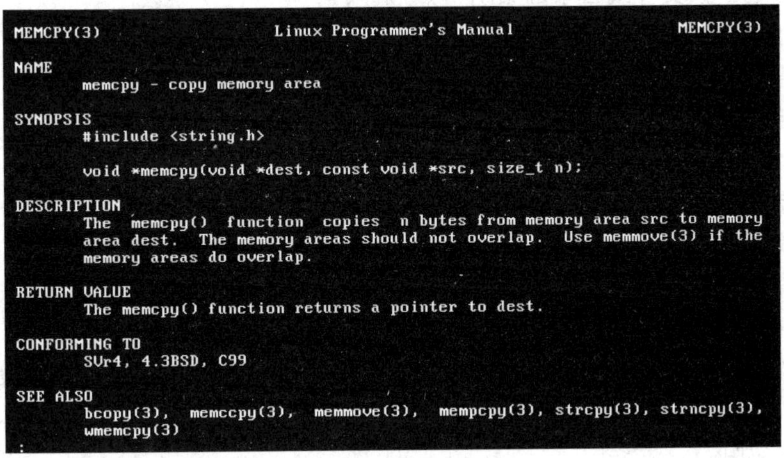

```
MEMCPY(3)               Linux Programmer's Manual               MEMCPY(3)

NAME
       memcpy - copy memory area

SYNOPSIS
       #include <string.h>

       void *memcpy(void *dest, const void *src, size_t n);

DESCRIPTION
       The  memcpy()  function  copies  n bytes from memory area src to memory
       area dest.  The memory areas should not overlap.  Use memmove(3) if the
       memory areas do overlap.

RETURN VALUE
       The memcpy() function returns a pointer to dest.

CONFORMING TO
       SVr4, 4.3BSD, C99

SEE ALSO
       bcopy(3),  memccpy(3),  memmove(3),  mempcpy(3),  strcpy(3), strncpy(3),
       wmemcpy(3)
:
```

图 4-18　在终端窗口使用 man 命令查看其他函数的信息

（3）目录及文件操作命令

① ls：列出文件及目录信息命令。

- 命令格式：ls［选项］...

- 常用选项：

-a 显示指定目录下所有子目录与文件，包括隐藏文件。

-A 显示指定目录下所有子目录与文件，包括隐藏文件。但不列出"."和".."。

-c 按文件的修改时间排序。

-l 以长格式来显示文件的详细信息。这个选项最常用。

-r 按字母逆序或最早优先的顺序显示输出结果。

-t 显示时按修改时间（最近优先）而不是按名字排序。若文件修改时间相同，则按字典顺序。

-u 显示时按文件上次存取的时间（最近优先）而不是按名字排序。

-i 显示文件或目录的 inode（索引节点）号。

• 示例：

♯ls -il，以长格式显示当前目录下文件的详细信息，包含索引节点号，结果如图 4-19 所示（下面是对显示信息的简要说明）。

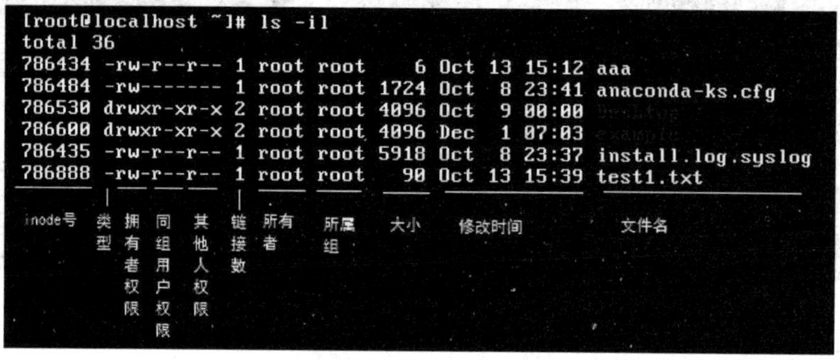

图 4-19　在终端窗口使用 ls 命令查看指定命令下的文件信息

a. inode 号：该文件或目录的索引节点号。

b. 类型：使用不同的字符代表不同的文件类型。

　　-：普通文件

　　d：目录

　　b：块设备文件

　　c：字符设备文件

　　l：软链接文件

　　s：套接字（socket）文件

　　p：管道（pipe）文件

c. 权限：每个文件可针对拥有者（创建者）、同组用户以及其他用户设置读、写、执行权限，4 种字符表示不同的权限。

　　r：读权限

　　w：写权限

　　x：执行权限

　　-：没有权限

② chmod 命令：文件拥有者（属主）或超级用户修改文件访问权限。

• 命令格式：chmod［选项］权限 文件名

- 常用选项：

  -c：输出被改变文件信息。

  -R：递归遍历子目录，把修改应用到目录下所有文件和子目录。

  -reference=filename：参照 filename 的权限来设置。

  -v：无论修改是否成功，输出每个文件的信息。

- 示例：

  ♯chmod u+ x file，给 file 的属主增加执行权限。

  ♯chmod 751 file，给 file 的属主分配读、写、执行(7)的权限，给 file 的所在组分配读、执行(5)的权限，给其他用户分配执行(1)的权限。

  ♯chmod u=rwx,g=rx,o=x file，上例的另一种形式。

  ♯chmod=r file，为所有用户分配读权限。

  ♯chmod a-wx,a+r file，同上例。

  ♯chmod -R u+r directory，递归地给 directory 目录下所有文件和子目录的属主分配读的权限。

③ cd 命令：改变当前目录。

- 命令格式：cd ...

- 常用示例：

  ♯cd ccec 相对路径，当前路径下的 ccec 目录。

  ♯cd /home/ccec，绝对路径。

  ♯cd～，进入当前用户的 home 目录。

  ♯cd-，返回上一次访问的目录。

  ♯cd .. ，进入当前目录的父目录。

④ pwd 命令：显示当前路径的绝对路径。

命令格式：pwd

⑤ cp 命令：复制文件或目录。

- 命令格式：cp［选项］源文件/目录名 目的文件/目录名

- 常用选项：

  -a：常在复制目录时使用。保留链接、文件属性，并递归地复制目录，其作用等于 dpR 选项的组合。

  -r：若给出的源文件是一目录文件，此时 cp 将递归复制该目录下所有的子目录和文件，此时目标文件必须为一个目录名。

  -d：复制时保留链接。

  -f：删除已经存在的目标文件而不提示。

  -i：和 f 选项相反，在覆盖目标文件之前将给出提示要求用户确认，是交互式复制。

  - p：此时 cp 除复制源文件的内容外，还将把其修改时间和访问权限也复制到新文件中。

- 示例：

  ♯cp file1 file2，将文件 file1 复制到文件 file2。

  ♯cp direct1 direct2 -r，将目录 direct1 复制到 direct2。

⑥ mv 命令：移动文件到另一个目录，也可使用该命令重命名文件。

- 命令格式：mv［选项］源文件/目录名 目标文件/目录名
- 常用选项：

  -f：覆盖已经存在的目标文件而不提示。

  -i：覆盖已存在文件之前将给出提示要求用户确认。
- 示例

  ♯mv file1 file2，将文件 file1 重命名为 file2。

  ♯mv file1 ../file1，将文件 file1 移动到当前目录的父目录。

⑦ mkdir 命令：在当前目录下创建子目录。

- 命令格式：mkdir［选项］目录名
- 常用选项：

  -m：设定目录权限，类似于 chmod。

  -v：每次创建新目录都显示信息。
- 示例：

  ♯mkdir test1，创建 test1 子目录。

  ♯mkdir -m 777 test，创建 test 目录，并赋予所有人读、写、执行权限。

⑧ rm 命令：删除文件或目录。

- 命令格式：rm［选项］文件/目录名
- 常用选项：

  -r：若给出的源文件是一目录文件，此时 rm 将递归删除该目录下所有的子目录和文件。

  -f：删除已经存在的目标文件而不提示。

  -i：在删除文件之前将给出提示要求用户确认。
- 示例：

  ♯rm testdirect -rf，删除 testdirect 目录，不做提示。

  ♯rm file1，删除 file1 文件。

⑨ rmdir 命令：删除空目录。

- 命令格式：uname［选项］目录名
- 常用选项：

  -p：递归删除目录，当子目录删除后，其父目录为空时，也一并被删除。
- 示例：

  ♯rmdir dirname，删除子目录 dirname。

  ♯rmdir pdir/cdir，删除子目录 cdir，如 cdir 被删除后，pdir 为空，pdir 一并被删除。

⑩ find 命令：搜索文件。

- 命令格式：find 查找路径［选项］…
- 常用选项：

  -name：按名字查找。

  -perm：按执行权限来查找。

  -user：按文件拥有者来查找。

-mtime：按文件修改时间来查找。

-atime：按文件访问时间来查找。

-ctime：按文件创建时间来查找。

-type：按文件类型来查找，参数可以是 b(块设备)、c(字符设备)、d(目录)、p(管道)、l(符号链接)、f(普通文件)。

- 示例：

  ♯find . -name " ＊. txt"，在当前目录(含子目录)查找. txt 文件。

  ♯find /-name test，在根目录(含子目录)查找 test 文件。

  ♯find ~-type l，在 home 目录查找符号链接文件。

⑪ cat 命令：显示一个或多个文件的信息。

- 命令格式：cat ［选项］...

- 常用选项：

  -n：由 1 开始对所有输出的行数编号。

  -b：和-n 相似，但对于空白行不编号。

  -s：当遇到有连续两行以上的空白行，替换为一行的空白行。

- 示例：

  ♯cat -n test1. txt，把 test1. txt 内容加上行号显示出来(包括空行)。

  ♯cat -b test1. txt test2. txt，把 test1. txt 和 test2. txt 的内容显示出来，test2. txt 的内容显示在 test1. txt 后面(除空行外加上行号)。

⑫ more 命令：显示文件的内容，空格向下翻页，常通过管道与其他命令配合使用。

- 命令格式：more ［选项］...

- 常用选项：

  +n：从第 n 行开始显示。

  -n：定义屏幕大小为 n 行。

  -c：从顶部清屏，然后显示。

  -s：把连续的多个空行显示为一行。

- 示例：

  ♯more test. txt，显示 test. txt 内容。

  ♯more+10 test. txt，从第 10 行开始显示 test. txt 内容。

  ♯ls -il｜more，列出当前目录文件信息，空格翻页。

⑬ less 命令：显示文件内容，空格、Page Down 向下翻页，Page Up 向上翻页，上、下箭头上下翻行，按 Q 键退出。

- 命令格式：less ［选项］...

- 常用选项：

  -e：文件内容显示完毕后，自动退出。

  -f：强制显示文件。

  -N：每一行行首显示行号。

  -s：将连续多个空行压缩成一行显示。

  -S：在单行显示较长的内容，而不换行显示。

-x＜数字＞：将 Tab 字符显示为指定个数的空格字符。

- 示例：

  ♯less -N test. cpp，显示 test. cpp 内容，前面显示行号。

  ♯less -x 2 test. cpp，显示 test. cpp 内容，Tab 定义为两个空格。

  ♯ls -il|less，列出当前目录信息，使用 less 分页显示。

（4）信息搜索及过滤命令

grep 命令：一个强大的文本搜索工具，可以使用正则表达式进行搜索，并把匹配的行打印出来。

- 命令格式：grep ［选项］...
- 常用选项：

  -c：只输出匹配行的计数。

  -I：不区分大小写（只适用于单字符）。

  -h：查询多文件时不显示文件名。

  -l：查询多文件时只输出包含匹配字符的文件名。

  -n：显示匹配行及行号。

  -s：不显示不存在或无匹配文本的错误信息。

  -v：显示不包含匹配文本的所有行。

- 基本正则表达式：

  \：忽略正则表达式中特殊字符的原有含义。

  ^：匹配正则表达式的开始行。

  $：匹配正则表达式的结束行。

  []：单个字符；如[A] 即 A 符合要求。

  [-]：范围；如[A-Z]即 A,B,C 一直到 Z 都符合要求。

  .：所有的单个字符。

  *：所有字符，长度可以为 0。

- 示例：

  ♯ls -l|grep test，列出当前目录中仅包含 test 的文件信息。

  ♯cat test. txt|grep '^a'，仅显示出 test. txt 中以字符 a 开头的行。

  ♯ps -aux | grep test，仅显示出当前进程信息中包含 test 的进程信息。

（5）进程状态查询及控制命令

① ps 命令：显示当前时刻进程的状态。

- 命令格式：ps ［选项］...
- 常用选项：

  a：列出所有进程。

  -a：列出同一终端下所有的进程。

  -w：显示加宽可以显示较多的信息。

  -au：显示较详细的资讯。

  -aux：显示所有包含其他使用者的进程的详细信息。

- 示例：

♯ps -aux,列出当前所有进程的详细信息。

② kill 命令：向进程传送信号，可实现对进程的终止、暂停、恢复等操作。

- 命令格式：kill［选项］［参数］［进程号］...
- 常用选项：

  -l：列出所有可用信号。

  -u：指定用户。

  -9：强行终止指定进程。

- 示例（假设当前终端开启的某进程的标识 PID 为 1234）：

  ♯kill -l，列出所有可用信号，结果如图 4-20 所示。

```
[root@localhost example]# kill -l
 1) SIGHUP       2) SIGINT       3) SIGQUIT      4) SIGILL
 5) SIGTRAP      6) SIGABRT      7) SIGBUS       8) SIGFPE
 9) SIGKILL     10) SIGUSR1     11) SIGSEGV     12) SIGUSR2
13) SIGPIPE     14) SIGALRM     15) SIGTERM     16) SIGSTKFLT
17) SIGCHLD     18) SIGCONT     19) SIGSTOP     20) SIGTSTP
21) SIGTTIN     22) SIGTTOU     23) SIGURG      24) SIGXCPU
25) SIGXFSZ     26) SIGVTALRM   27) SIGPROF     28) SIGWINCH
29) SIGIO       30) SIGPWR      31) SIGSYS      34) SIGRTMIN
35) SIGRTMIN+1  36) SIGRTMIN+2  37) SIGRTMIN+3  38) SIGRTMIN+4
39) SIGRTMIN+5  40) SIGRTMIN+6  41) SIGRTMIN+7  42) SIGRTMIN+8
43) SIGRTMIN+9  44) SIGRTMIN+10 45) SIGRTMIN+11 46) SIGRTMIN+12
47) SIGRTMIN+13 48) SIGRTMIN+14 49) SIGRTMIN+15 50) SIGRTMAX-14
51) SIGRTMAX-13 52) SIGRTMAX-12 53) SIGRTMAX-11 54) SIGRTMAX-10
55) SIGRTMAX-9  56) SIGRTMAX-8  57) SIGRTMAX-7  58) SIGRTMAX-6
59) SIGRTMAX-5  60) SIGRTMAX-4  61) SIGRTMAX-3  62) SIGRTMAX-2
63) SIGRTMAX-1  52) SIGRTMAX
```

图 4-20　在终端窗口使用 kill 命令查看所有可发送的信号

♯kill 1234，默认向进程 1234 发送 SIGTERM 信息（终止进程）。

♯kill -SIGKILL 1234，若上例不能终止进程 1234，可发该信号强行终止。

♯kill -9 1234，作用同上例，所有信号均可用其对应的数字替代。

♯kill -SIGSTOP 1234，暂停进程 1234（作用同 Ctrl+Z 键）。

♯kill -SIGCONT 1234，进程 1234 继续运行（解除暂停）。

♯kill -SIGINT 1234，进程 1234 中断执行（作用同 Ctrl+C 键）。

♯kill -SIGQUIT 1234，进程 1234 退出（作用同 Ctrl+ \键）。

(6) 分区及文件系统管理命令

① df 命令：检查文件系统挂载点、使用情况，可用来检查硬盘空间用量。

- 命令格式：df［选项］...
- 常用选项：

  -a：显示所有文件系统的磁盘使用情况，包括 0 块（block）的文件系统，如/proc 文件系统。

  -k：以 k 字节为单位显示。

  -i：显示 i 节点信息，而不是磁盘块。

  -t：显示各指定类型的文件系统的磁盘空间使用情况。

  -x：列出不是某一指定类型文件系统的磁盘空间使用情况（与 t 相反）。

  -T：显示文件系统类型。

  -h：以友好的方式显示。

- 示例：# df -h、# df -hT 、# df -i 的结果如图 4-21 所示。

```
[root@localhost example]# df -h
Filesystem            Size  Used Avail Use% Mounted on
/dev/mapper/VolGroup00-LogVol00
                      6.7G  6.0G  372M  95% /
/dev/sda1              99M   25M   69M  27% /boot
tmpfs                 217M     0  217M   0% /dev/shm
none                  217M  104K  217M   1% /var/lib/xenstored
[root@localhost example]# df -hT
Filesystem    Type    Size  Used Avail Use% Mounted on
/dev/mapper/VolGroup00-LogVol00
              ext3    6.7G  6.0G  372M  95% /
/dev/sda1     ext3     99M   25M   69M  27% /boot
tmpfs        tmpfs    217M     0  217M   0% /dev/shm
none         tmpfs    217M  104K  217M   1% /var/lib/xenstored
[root@localhost example]# df -i
Filesystem            Inodes   IUsed   IFree IUse% Mounted on
/dev/mapper/VolGroup00-LogVol00
                     1802240  237260 1564980   14% /
/dev/sda1              26104      49   26055    1% /boot
tmpfs                  55455       1   55454    1% /dev/shm
none                   55433       4   55429    1% /var/lib/xenstored
```

图 4-21　在终端窗口用 df 命令查看文件系统磁盘使用情况

② fdisk 命令：常用于查看系统中硬盘及分区信息，也可用于对硬盘分区进行操作，如删除分区、添加分区等。注意：该命令需要 root 权限，慎用对分区操作！

- 命令格式：fdisk [选项] [设备名]
- 常用选项：

  -l：列出所有或指定设备的信息。

- 示例：

  # fdisk -l，列出所有硬盘及其分区信息，结果如图 4-22 所示。

```
[root@localhost example]# fdisk -l

Disk /dev/sda: 8589 MB, 8589934592 bytes
255 heads, 63 sectors/track, 1044 cylinders
Units = cylinders of 16065 * 512 = 8225280 bytes

   Device Boot      Start         End      Blocks   Id  System
/dev/sda1   *           1          13      104391   83  Linux
/dev/sda2              14        1044     8281507+  8e  Linux LVM
```

图 4-22　在终端窗口用 fdisk 命令查看硬盘及其分区信息

  # fdisk /dev/sda，在之后的界面中，可对设备/dev/sda 上的分区进行操作（具体步骤略）。

③ mount 命令：挂载文件系统。

- 命令格式：mount [选项]设备名 挂载点
- 常用选项：

  -t<文件系统类型>指定设备的文件系统类型，常见的有：

  minix：Linux 早期文件系统。

  ext2/ext3：Linux 常用文件系统。

  msdos：MS-DOS 的 fat16。

  vfat：fat32。

  nfs：网络文件系统。

  iso9660：CD-ROM 光盘标准文件系统。

  ntfs：Windows NTFS。

hpfs：OS/2 文件系统。

-o＜挂接方式＞ 设备的挂接方式,常见的有：

loop：用来把一个文件当成硬盘分区挂接上系统。

ro：采用只读方式挂接设备。

rw：采用读写方式挂接设备。

iocharset：指定访问文件系统所用字符集。

- 示例：

♯mount,显示所有文件系统挂载信息。

♯mount -a,挂载/etc/mtab 中记载的所有文件系统。

♯mount -t ext2/dev/fd0/mnt/floppy,挂载 ext2 格式的软盘(逻辑设备名为/dev/fd0)到/mnt/floppy 目录。

♯mount -t vfat/dev/hda1/mnt/disk,挂载 fat32 格式的硬盘分区(逻辑设备名/dev/hda1)到/mnt/disk 目录。

♯mount -t iso9660/dev/hdc/mnt/cdrom,装载一个光盘(逻辑设备名为/dev/hdc)到/mnt/cdrom 目录。

♯mount -o loop -t iso9660/home/mydisk. iso/mnt/cdrom,将一个 iso 镜像文件挂载到/mnt/cdrom 目录。

④ umount 命令：卸载文件系统。注意：如果该文件系统正在使用,将会卸载失败。

- 命令格式：umount［选项］［设备名］［挂载点］

- 常用选项：

-a：卸载/etc/mtab 中记录的所有文件系统。

-t：仅卸载选项中所指定的文件系统。

- 示例：

♯umount -a,卸载/etc/mtab 中记录的所有文件系统。

♯umount/dev/sda1,卸载逻辑设备/dev/sda1。

♯umount/mnt/cdrom,卸载挂载在/mnt/cdrom 目录下的文件系统。

(7) 其他常用命令

① date 命令：显示或更改系统时间。

② dmesg 命令：显示内核 log 信息,常用于系统诊断。

③ logout 命令：退出登录,相当于 Windows 操作系统中的注销。

④ poweroff 命令：关机。

2. Linux 系统编程界面

1) 实验说明

学习使用 vi/vim 来编写 C 及 C++ 代码;学习使用 gcc 及 g++ 来编译链接 C 及 C++ 代码,学习使用 gdb 进行代码调试。

2) vi/vim 简介

vi/vim 是 Linux、UNIX 字符界面下常用的编辑工具,也是系统管理员常用的一种编辑工具。很多 Linux 发行版都默认安装了 vi/vim。vim 是 vi 的升级版,和 vi 的基本操作相同,其相对于 vi 的优点主要在于可以根据文件类型高亮显示某些关键字,如 C 语言关键字,便于编程。

（1）vi/vim 的两种运行状态

vi/vim 有两种运行状态：命令状态和编辑状态。

① 命令状态：可以输入相关命令，如文件保存、退出、字符搜索、剪切等操作；vi/vim 启动时，默认进入命令状态。在编辑状态下，按 Esc 键，即可进入命令状态。

② 编辑状态：在该状态下进行字符编辑。在命令状态下，按 i/a/o 等键即可进入编辑状态。

（2）vi/vim 常用命令

vi/vim 常用命令见表 4-1。

表 4-1　vi/vim 常用命令（命令状态下使用）

命　令	功 能 说 明
插入字符、行，执行下面操作后，进入编辑状态	
a	进入插入模式，在光标所在处后面添加文本
i	进入插入模式，在光标所在处前面添加文本
A	进入插入模式，在光标所在行末尾添加文本
I	进入插入模式，在光标所在行行首添加文本（非空字符前）
o	进入插入模式，在光标所在行下新建一行
O	进入插入模式，在光标所在行上新建一行
R	进入替换模式，覆盖光标所在处文本
剪切、粘贴、恢复操作	
dd	剪切光标所在行
Ndd	N 代表一个数字，剪切从光标所在行开始的连续 N 行
yy	复制光标所在行
Nyy	N 代表一个数字，复制从光标所在行开始的连续 N 行
yw	复制从光标开始到行末的字符
Nyw	N 代表一个数字，复制从光标开始到行末的 N 个单词
y^	复制从光标开始到行首的字符
y$	复制从光标开始到行末的字符
p	粘贴剪切板的内容在光标后（或所在行的下一行，针对整行复制）
P	粘贴剪切板的内容在光标前（或所在行的上一行，针对整行复制）
u	撤销上一步所做的操作
保存、退出、打开多个文件	
:q!	强制退出，不保存
:w	保存文件，使用:w file，将当前文件保存为 file

命　令	功 能 说 明
:wq	保存退出
:new	在当前窗口新建一个文本,使用:new file,打开 file 文件,使用 Ctrl+W 键在多个窗口间切换
设置行号,跳转	
:set nu	显示行号,使用:set nu!或:set nonu 可以取消显示行号
n+	向下跳 n 行
n-	向上跳 n 行
nG	跳到行号为 n 的行
G	跳到最后一行
H	跳到第一行
查找、替换	
/***	查找并高亮显示***的字符串,如/abc
:s	:s/old/new//,用 new 替换行中首次出现的 old

（3）vi/vim 使用示例

用 vi/vim 编辑当前目录下名为 helloworld. c 的文件。可按以下 5 个步骤来完成。

① 输入"vim helloworld. c"回车,即可进入 vim 窗口,如 helloworld. c 不存在,则新建该文件,否则打开该文件。vim 默认处于命令状态。

② 按 I 键,以插入模式进入编辑状态。

③ 编辑代码(即文件 helloworld. c 的内容)。

④ 按 Esc 键,从编辑状态回到命令状态。

⑤ 输入":wq"回车,保存并退出。

（4）vi/vim 常见问题及解决方法

问题 1：按 Ctrl+S 键(Windows 下的保存快捷键)后,发现 vim 对后续按键不再反应。原因是 Ctrl+S 命令在 Linux 下是取消回显命令,所输入字符不显示在屏幕上,按 Ctrl+Q 键即可恢复回显。建议 Linux 初学者尽量抛弃 Windows 的使用习惯。

问题 2：在启动 vim 时,没有输入文件名。vim 默认会创建一个新的文件,编辑完成后,进入命令状态,输入":w filename"并回车,将其保存为 filename。

问题 3：vim 非正常退出后,再次编辑该文件时,会出现"swap file . helloworld. c. swp already exists!"的提示(假设 helloworld. c 是 vim 非正常退出时编辑的文件名),使用 rm . helloworld. c. swp 删除该文件,重新编辑即可。

3）Linux 下 C 程序开发

C 语言的编译器被简称为 cc,不同厂商的类 UNIX 系统所带的 C 语言编译器均包含不同的功能和选项。Linux 系统中,通常使用 GNU C 编译器,简称为 gcc,下面以 HelloWorld 程序为例,简单介绍 Linux 下 C 语言开发过程。

（1）C语言开发过程

主要有以下三个步骤。

① 使用 vim 编辑 hello.c：

```
#include <stdio.h>
#include <stdlib.h>
int main()
{
    printf("Hello World \n");
    exit(0);
}
```

② 编译 hello.c：

```
#gcc -o hello hello.c
```

gcc 命令将 hello.c 编译成可执行文件 hello，如果不加-o 选项，编译器会把编译后的可执行文件命名为 a.out。

③ 执行 hello：

```
#./hello
```

屏幕显示：Hello World。

在 hello 前面添加./，是让 Shell 在当前目录下寻找可执行文件，如果不添加./，Shell 会在 PATH 环境变量设置的目录中去寻找该可执行文件，但这些目录中通常不会包含当前目录。

注：对于复杂的大型程序，一般编写 makefile 文件来进行编译链接，makefile 文件的编写请参考相关资料。

（2）gcc 常用选项

gcc 常用选项见表 4-2。

表 4-2　gcc 常用选项

选　项	说　明
-c	只做预处理、编译和汇编，不做链接，常用于不含 main 的子程序
-S	只进行预处理和编译，生成.s 汇编文件
-o	指定输出的目标文件名
-Idir	头文件搜索路径中添加目录 dir
-Ldir	库文件搜索路径中添加目录 dir
-lname	链接 libname.so 库来编译程序
-g	编译器编译时加入 debug 信息，供 gdb 使用
-O[0~3]	编译器优化，数字越大，优化级别越高，0 表示不优化

4）Linux 下 C++ 程序开发

Linux 下 C++ 程序开发过程和 C 程序开发过程类似，但编译时使用 g++ 命令。下面仍以 HelloWorld 程序为例,简要说明其开发过程。g++ 常用编译选项和 gcc 类似,这里不再赘述。

① 使用 vim 编辑 hello. cpp:

```
#include <iostream>
int main()
{
    cout <<"Hello World" <<endl;
    exit(0);
}
```

② 编译 hello. cpp:

```
#g++ -o hello hello.cpp
```

③ 执行 hello:

```
#./hello
```

屏幕显示:Hello World。

5) 使用 gdb 调试 C/C++ 程序

gdb 是 UNIX/Linux 下的一个功能强大的程序调试工具。当程序出现段错误(segment fault)或者逻辑错误时,可以使用 gdb 进行调试。gdb 主要有 4 大功能,即启动程序,可以按照自定义要求随心所欲地运行程序;可让被调试程序在所指定的调置断点处停住(断点可以是条件表达式);当程序停住时,可以检查程序中所发生的事;动态改变程序的执行环境。

(1) gdb 常用调试命令

可以使用 ♯gdb program 启动目标代码进行调试,但目标代码编译时,必须使用-g 选项编译。进入调试界面后,可以输入相关 gdb 命令控制目标代码的运行。如表 4-3 所示为 gdb 常用的调试命令。

表 4-3　gdb 常用调试命令

命　　令	说　　明
list(或 l)	列出源代码,接着上次位置往下列,每次列 10 行
list 行号	从给定行号开始列出源代码
list 函数名	列出某个函数的源代码
break(或 b)行号	在给定行号处设置断点,gdb 会给出一个断点号
break 函数名	在给定函数开头设置断点
delete breakpoint 断点号	删除给定的断点
start	开始执行程序,停在 main 函数第一句前面等待命令
run(或 r)	开始执行程序,直到遇到断点
next(或 n)	执行下一条语句
step(或 s)	执行下一条语句,如果是函数调用,则进入函数中

命　　令	说　　明
continue(或 c)	继续执行程序,直到遇到断点
finish	连续运行到当前函数返回,然后停下来等待命令
print(或 p)	打印表达式的值
display 变量名	跟踪查看某个变量的值,每次停下来都显示该变量的值
undisplay 跟踪显示号	取消对变量的跟踪查看
set var	修改变量的值
quit	退出 gdb

（2）gdb 调试示例

下面以一个例子简要说明使用 gdb 的调试过程。

假设已经编辑好了内容如下的源代码程序 tst_gdb.c：

```
#include <stdio.h>
int add()
{
    int sum=0, i;
    for(i=0; i<10; i++)
    {
      sum+=i;
    }
    return sum;
  }
int main()
{
    int result=0;
    result=add();
    printf("the result is %d \n  ", result);
    return 0;
}
```

并且使用如下的 gcc 命令编译链接源代码,形成可调试的目标代码,注意编译时必须使用-g 编译选项。

```
#gcc  -g  -o tst_gdb tst_gdb.c
```

则使用 gdb 跟踪调试目标码程序 tst_gdb 的过程（即步骤与说明）,如图 4-23 所示。

4.1.4　Windows 操作系统界面认识

略。不熟悉的用户可参照 2.2.3 节大胆尝试,若有疑问可查阅书后参考文献或网络资料。

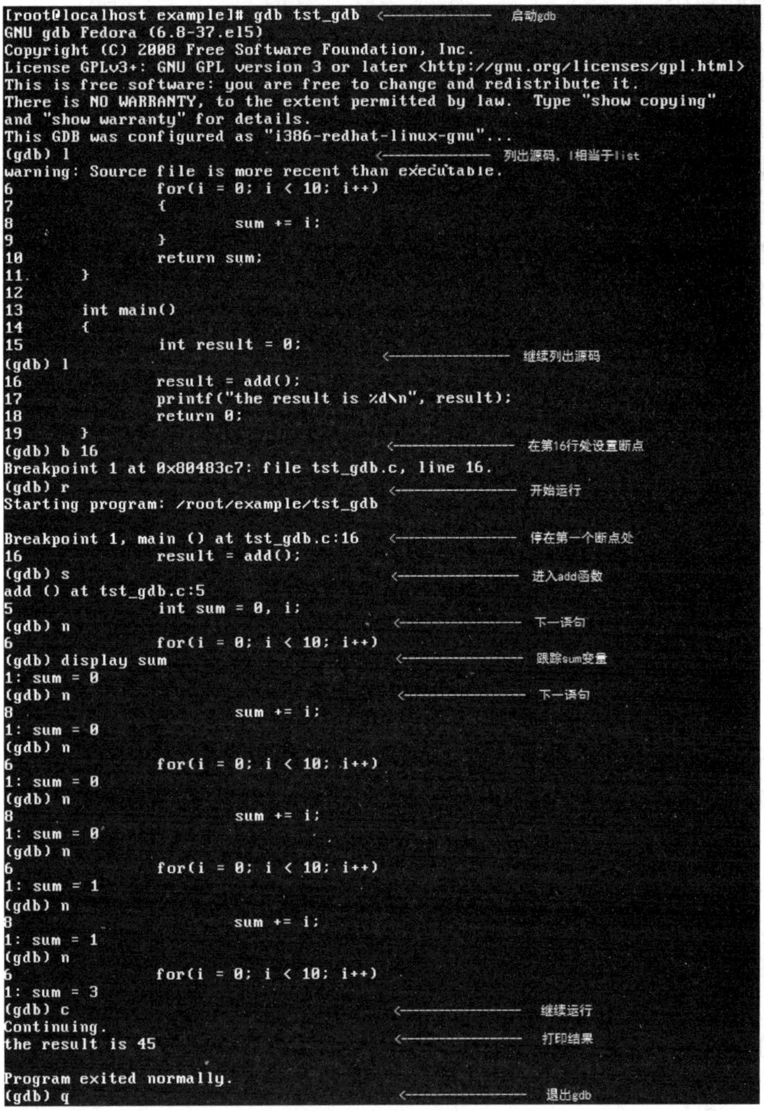

```
[root@localhost example]# gdb tst_gdb          <————————— 启动gdb
GNU gdb Fedora (6.8-37.el5)
Copyright (C) 2008 Free Software Foundation, Inc.
License GPLv3+: GNU GPL version 3 or later <http://gnu.org/licenses/gpl.html>
This is free software: you are free to change and redistribute it.
There is NO WARRANTY, to the extent permitted by law.  Type "show copying"
and "show warranty" for details.
This GDB was configured as "i386-redhat-linux-gnu"...
(gdb) l                                        <————————— 列出源码, l相当于list
warning: Source file is more recent than executable.
6               for(i = 0; i < 10; i++)
7               {
8                       sum += i;
9               }
10              return sum;
11      }
12
13      int main()
14      {
15              int result = 0;                <————————— 继续列出源码
(gdb) l
16              result = add();
17              printf("the result is %d\n", result);
18              return 0;
19      }
(gdb) b 16                                     <————————— 在第16行处设置断点
Breakpoint 1 at 0x80483c7: file tst_gdb.c, line 16.
(gdb) r                                        <————————— 开始运行
Starting program: /root/example/tst_gdb

Breakpoint 1, main () at tst_gdb.c:16          <————————— 停在第一个断点处
16              result = add();
(gdb) s                                        <————————— 进入add函数
add () at tst_gdb.c:5
5               int sum = 0, i;
(gdb) n                                        <————————— 下一语句
6               for(i = 0; i < 10; i++)
(gdb) display sum                              <————————— 跟踪sum变量
1: sum = 0
(gdb) n                                        <————————— 下一语句
8                       sum += i;
1: sum = 0
(gdb) n
6               for(i = 0; i < 10; i++)
1: sum = 0
(gdb) n
8                       sum += i;
1: sum = 0
(gdb) n
6               for(i = 0; i < 10; i++)
1: sum = 1
(gdb) n
8                       sum += i;
1: sum = 1
(gdb) n
6               for(i = 0; i < 10; i++)
1: sum = 3
(gdb) c                                        <————————— 继续运行
Continuing.
the result is 45                               <————————— 打印结果

Program exited normally.
(gdb) q                                        <————————— 退出gdb
```

图 4-23　在终端窗口用 gdb 跟踪调试程序示例图

4.2　系统管理级

4.2.1　在 Linux 中添加、删除用户及用户组

1. 实验说明

Linux 是多用户系统,允许多用户同时登录。同时,为便于权限控制,Linux 将用户分组,具有相同权限的用户分为一组。本实验学习如何在 Linux 中添加、删除用户以及用户组。

2. 用户及用户组操作命令

Linux 提供多个命令来进行用户及用户组操作,下面简要介绍常用命令及其常用选项。

1）用户操作命令

（1）useradd：建立用户账号。

① 命令格式：useradd［选项］用户名

② 常用选项：

-d：指定用户登录时的起始目录，默认为该用户的主目录。

-g：指定用户所属群组。

-G：指定用户所属附加群组。

-m：自动建立用户的登入目录。

-M：不自动建立用户的登入目录。

-n：取消建立以用户名称为名的群组，当不指定用户所属群组，不使用该参数时，系统默认建立和用户名相同的群组，否则，将该用户加入到 user 组。

-u：指定用户 ID(标识符)。

-s：指定用户登入后所使用的 Shell。

-e：指定账号的有效期限。

-f：指定密码过期多少天后关闭该账号。

（2）passwd：为新建用户设置密码。没有设置密码的用户不能使用。

命令格式：passwd 用户名

（3）usermod：修改用户账号的各项设定。

① 命令格式：usermod［选项］用户名

② 常用选项：

-l：修改用户名称。

-d：修改用户登录时的起始目录。

-g：修改用户所属群组。

-G：修改用户所属附加群组。

-u：修改用户 ID。

-s：修改用户登入后所使用的 Shell。

-e：修改账号的有效期限。

-f：修改密码过期多少天后关闭该账号。

-U：解除密码锁定。

（4）userdel：删除用户账户。

① 命令格式：userdel［选项］用户名

② 常用选项：

-r：删除用户登入目录以及目录中所有文件。

（5）id：查看用户信息，显示用户的名称、ID、所属组名及组 ID，如果不加用户名，默认为当前用户。

命令格式：id［选项］［用户名］

（6）finger：查询用户信息，通常会显示系统中某个用户的用户名、主目录、停留时间、登录时间、登录 Shell 等信息。

① 命令格式：finger［选项］［用户名］

② 常用选项：

-s：显示系统中某个用户的用户名、主目录、停留时间、登录时间、登录 Shell 等信息。

-l：除-s 选项显示信息外，还显示用户主目录、登录 Shell、邮件状态等信息。

2）组操作命令

（1）groupadd：建立组账号。

① 命令格式：groupadd ［选项］组名

② 常用选项：

-g：指定组 id。

（2）groupdel：删除组。

命令格式：groupdel 组名。

（3）gpasswd：管理组，如添加删除组成员、设置管理员等。

① 命令格式：gpasswd ［选项］组名

② 常用选项：

-a：添加用户到组。

-d：从组中删除用户。

-A：指定管理员。

（4）groupmod：修改组。

① 命令格式：groupmod ［选项］组名

② 常用选项：

-g：修改组 ID。

-n：修改组名。

3. 用户及用户组管理实例

本实例添加一个 ccec 用户，系统默认为其创建一个 ccec 组，再创建一个 ccecgroup，将 ccec 用户再加入到 ccecgroup 中，最后将其全部删除。三个主要步骤如下。

（1）使用 useradd 命令创建 ccec 用户，并使用 passwd 为其设置密码。成功后可用 id 和 ls 命令查看所创建用户的标识和工作目录，得到验证，过程如图 4-24 所示。

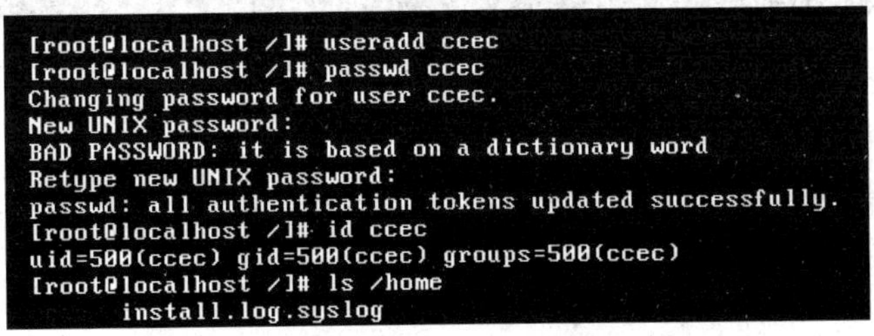

```
[root@localhost /]# useradd ccec
[root@localhost /]# passwd ccec
Changing password for user ccec.
New UNIX password:
BAD PASSWORD: it is based on a dictionary word
Retype new UNIX password:
passwd: all authentication tokens updated successfully.
[root@localhost /]# id ccec
uid=500(ccec) gid=500(ccec) groups=500(ccec)
[root@localhost /]# ls /home
            install.log.syslog
```

图 4-24　在终端窗口用命令添加用户示意图

可见，系统默认为 ccec 用户创建了 ccec 用户组，并默认在/home 目录下建立了 ccec 子目录，作为 ccec 用户的用户目录。

注：设置密码时，尽量使用大小写字母、数字、非字母数字等的组合，如 aAbc_123 等，以增强安全性。

（2）使用 groupadd 创建 ccecgroup 组，并将 ccec 加入到 ccecgroup。成功后可用 id 命令验证，过程如图 4-25 所示。

图 4-25 在终端窗口用命令添加用户组示意图

图 4-25 中 id 命令结果显示,ccec 用户同时属于两个组。

(3)使用带开关参数-r 的 userdel 命令删除 ccec 用户,再使用 groupdel 命令删除 ccecgroup 组。过程如图 4-26 所示。可见,ccec 用户被删除后,其用户目录/home/ccec 也被删除。

图 4-26 在终端窗口用命令删除用户示意图

4. 切换到 root 用户

UNIX 类操作系统中许多对系统安全有影响的命令仅限 root 用户(超级用户)使用,普通用户登录后(命令行提示符是$),当执行某些需要 root 权限的命令时,系统会提示找不到命令或者没有权限,此时可以使用 su 命令切换到 root 权限(命令行提示符是♯),然后再执行。在如图 4-27 所示的例子中,普通用户 ccec 登录后,执行 fdisk 命令时,遇到提示找不到该命令,执行"su -"命令,输入 root 密码后,即可切换到 root,再执行 fdisk 就可以了。使用完后,输入 exit 命令退出 root 用户,返回到普通用户 ccec 并清屏。

图 4-27 在终端窗口用 su 命令从普通用户切换到超级用户(root 用户)示意图

注意:

(1)切换到超级用户后,很多涉及系统安全的操作要慎用!用完后退出,切换回普通用户使用更安全。

(2)root 密码未经真正的超级户授权一定不能乱改!

(3)su 和 su -的区别:su 仅仅是切换到 root 用户,但不切换到 root 的环境变量;su -则完整地切换到一个用户的环境变量。

4.2.2 在 Windows XP 中添加、删除用户

1. 实验说明

本实验学习如何在 Windows 图形界面下添加和删除用户。不同的 Windows 版本中,添加、删除用户的界面有所不同,但基本概念和方法是相似的,本实验介绍 Windows XP 下添加、删除用户的方法,以供读者参考。

2. 进入用户管理界面

单击"开始"按钮,选择"设置"|"控制面板",在控制面板里选择"管理工具",在管理工具里选择"计算机管理",在出现的计算机管理界面(见图 4-28)中,单击左侧"本地用户和组",选择用户,在界面右侧,即可看到当前系统中已存在的用户,带红叉的用户表示系统中已停用该账号(可重新启用),如果为安全起见,系统中一般禁止 Guest 用户登录。

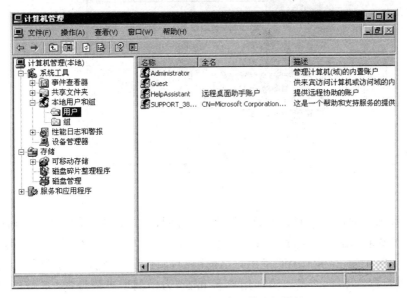

图 4-28　Windows "计算机管理" 界面

1) 添加用户

在右侧窗口单击鼠标右键,或在左侧"用户"上单击鼠标右键,在弹出的右键菜单中,"新用户"用来创建新的用户,如图 4-29 所示,选择该项,弹出新用户对话框,如图 4-30 所示,在

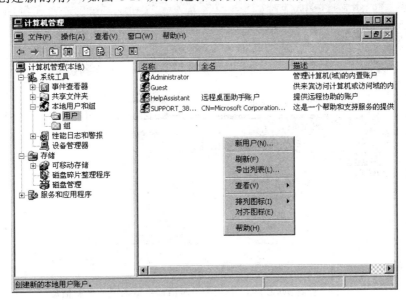

图 4-29　右击 Windows "计算机管理" 界面右侧弹出的菜单

其中输入用户名(必输项目)、用户全名(可选项)、用户名描述(可选项)、用户密码(必输项目),再选择一种密码使用方式即可。

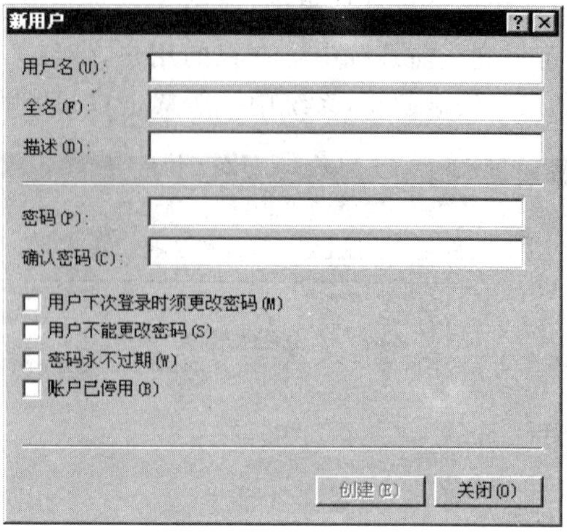

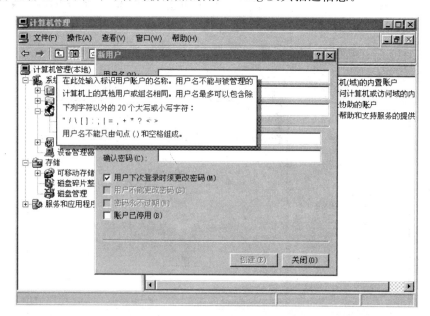

图 4-30 "新用户"对话框

注意,一些选项的输入会有长度、可使用字符等限制,可选中该输入框,然后按 F1 键查看帮助,如果要查看"用户名"的输入帮助信息,可单击"用户名"输入框,按 F1 键,则在弹出的提示框中(如图 4-31 所示),说明了用户名的限制,如长度、可包含的字符等。 输入的用户名必须符合该规范。图 4-32 是以添加用户名 ming 为示例填满信息的"新用户"对话框,注意"用户下次登录时须更改密码"复选框默认被勾选,此时单击"创建"按钮,即会创建一个新用户,该对话框会清空,以便继续添加新的用户,如果不再添加新用户,单击"关闭"按钮,返回到"计算机管理"界面,即可看到新添加的用户 ming 及其描述信息。

图 4-31 查看 Windows "新用户"对话框中输入项的限制信息

图 4-32　填满新用户信息的 Windows "新用户" 对话框

2）新用户登录测试

注销当前用户后，在出现的登录界面中，会出现刚创建的 "Li Ming" 账号，单击 Li Ming，输入密码后，会出现 "您必须在第一次登录时修改密码" 的提示，这是因为在创建新用户时，默认勾选了 "用户下次登录时须更改密码" 复选框，由于此时是用户第一次登录，因此必须更改密码；以后再次以该用户登录时，不会再提示。单击 "确定" 按钮，出现更改密码对话框，输入并确认新的密码后，即可登录到用户 Li Ming 的桌面。

3）删除用户

删除用户比添加用户还简单。也是在如图 4-29 所示的 "计算机管理" 窗口中，选择左侧 "本地用户和组"，选择 "用户"，在右侧界面中，选择要删除的账号，单击鼠标右键，在弹出的菜单中选择 "删除" 命令即可。

4.2.3　在 Linux 中使用 U 盘

1. 实验说明

Linux 沿袭了 UNIX 文件系统的安全设计理念，在字符界面下，当用户插入 U 盘后，需要经过手动挂载后才能使用，使用完毕后，将其卸载后才能拔出。本实验学习在 Linux 字符界面下挂载、卸载 U 盘，以方便用户复制文件。

注意：U 盘挂载、卸载等操作均需要 root 权限。

2. U 盘挂载

U 盘插入计算机，被操作系统检测识别并获得逻辑设备名后，才能被挂载到根文件系统，进而被访问。U 盘的挂载主要分为以下两步。

（1）插入 U 盘，使用 fdisk 命令检测 U 盘是否已经被识别。如果被系统正常识别，系统会为其分配逻辑设备名。本示例插入的 8GB 大小的 U 盘被识别为/dev/sdc，在该 U 盘上有一个分区/dev/sdc1，其上格式化的文件系统为与 Windows 95 兼容的 FAT32，如图 4-33 所示。

（2）使用 mount 命令将代表 U 盘的逻辑设备挂载到根文件系统的指定目录。如图 4-34 所示，/dev/sdc1 分区被挂载到/mnt 目录（也可挂载到其他目录）上，以后，针对/mnt 目录的操作，如复制、添加、删除等，即是针对 U 盘的操作。

```
[root@CentOS52 home]# fdisk -l

Disk /dev/sda: 8589 MB, 8589934592 bytes
255 heads, 63 sectors/track, 1044 cylinders
Units = cylinders of 16065 * 512 = 8225280 bytes

   Device Boot      Start         End      Blocks   Id  System
/dev/sda1   *           1         969     7783461   83  Linux
/dev/sda2             970        1044      602437+  82  Linux swap / Solaris

Disk /dev/sdc: 8011 MB, 8011120640 bytes
41 heads, 41 sectors/track, 9307 cylinders
Units = cylinders of 1681 * 512 = 860672 bytes

   Device Boot      Start         End      Blocks   Id  System
/dev/sdc1   *           5        9308     7819328    b  W95 FAT32
```

图 4-33 在终端窗口用 fdisk 命令查看 U 盘是否被识别

```
[root@CentOS52 home]# mount -t vfat /dev/sdc1 /mnt
[root@CentOS52 home]# cd /mnt
[root@CentOS52 mnt]# ls
img_3776.jpg
ldlinux.sys                    ~wrl0582.tmp
[root@CentOS52 mnt]# _
```

图 4-34 在终端窗口用 mount 命令安装 U 盘

注意：mount 的-t 参数，需针对 fdisk 命令识别出来的 U 盘文件系统类型(见表 4-4)，做相应的选择，本示例中用的是 vfat。

表 4-4 mount -t 参数对应的文件系统

参 数	说 明	参 数	说 明
minix	Linux 最早期文件系统	ext2	Linux ext2 文件系统
ext3	Linux ext3 文件系统	msdos	MS-DOS 的 FAT16
vfat	Windows 95 的 FAT32	nfs	网络文件系统
iso9660	CD-ROM 标准文件系统	ntfs	Windows 的 NTFS
hpfs	OS/2 文件系统		

3. U 盘卸载

U 盘不再使用后，应先卸载，然后再从计算机中拔出。卸载使用 umount 命令，参数可以是 U 盘挂载点或者 U 盘文件系统分区逻辑名。如上例中，可以使用：umount/dev/sdc1 或 umount/mnt 进行卸载。

注意：卸载时，一定要保证 U 盘没有被使用，同时当前目录不在挂载目录中，否则会出现设备繁忙的提示，导致卸载失败。

4.2.4 屏蔽 Windows XP 桌面上的“回收站”

1. 实验说明

本实验通过修改 Windows 注册表的选项，来屏蔽桌面上的回收站。通过本实验，帮助读者了解 Windows 注册表的作用，熟悉注册表编辑器。

2. 打开注册表编辑器

Windows 注册表保存着系统运行的软硬件配置信息，通过修改注册表的选项来屏蔽桌面上的回收站存在一定的安全隐患，建议修改之前先备份注册表，修改后，一旦发现改错了

或者破坏了注册表，可使用备份来恢复原先的注册表。为此，应以管理员身份登录，单击"开始"|"运行"，输入"regedit"，回车，或者单击"确定"按钮，进入注册表编辑器，如图 4-35 所示，在这里就可以进行注册表的修改、备份与恢复等操作了。

图 4-35　Windows 注册表编辑器窗口

3. 注册表备份及恢复

在注册表编辑器中，打开"文件"菜单，在弹出的菜单项中，有"导入"、"导出"两个选项，"导出"用于备份注册表，"导入"用于使用以前备份的注册表恢复注册表。

1）注册表备份

选择注册表编辑器"文件"菜单里的"导出"选项，在弹出的对话框中，输入备份的注册表文件名称及存放的文件夹，选择默认的文件"保存类型"，单击"保存"按钮，即可将当前的注册表信息备份到指定的注册表文件中。本示例将打开的注册表信息导出到"我的文档"文件夹里的 regbak.reg 文件中，如图 4-36 所示。

注意：导出注册表时，可以选择导出全部注册表或者某个分支，一般导出全部注册表内容。

2）注册表恢复

如果要恢复以前保存的注册表，可在注册表编辑器中选择"文件"|"导入"命令，在弹出的与"导出注册表文件"对话框相似的对话框中，选择上次保存的注册表备份文件（比如 regbak.reg），单击"打开"按钮，即可恢复上次保存的注册表内容。

4. 屏蔽桌面上的回收站

在注册表编辑器窗口左侧栏里，找到 HKEY_LOCAL_MACHINE\SOFTWARE\Microsoft\Windows\CurrentVersion\Explorer\Desktop\NameSpace 分支，该分支下有多个子键对应桌面上的某些系统图标。

选中键值为 Recycle Bin 的子键，如{645FF040-5081-101B-9F08-OOAAOO2F954E}（注意：在不同的 Windows 操作系统里，该子键的名称可能不一样），如图 4-37 所示。

在该子键上单击鼠标右键，在弹出的右键菜单中，选择"删除"命令，确认删除后，该注册

图 4-36　"导出注册表文件"对话框

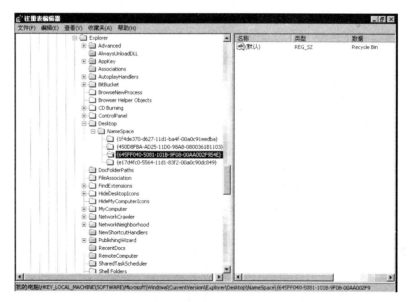

图 4-37　在注册表编辑器窗口左侧栏里选择要删除的子键

表项即被删除。

重新启动计算机,即可看到桌面上的回收站图标不存在了。如果要恢复桌面上的图标,可先恢复以前保存的注册表内容,再重启计算机即可,请读者自行测试。

4.2.5　停止 Windows XP"自动升级"服务

1. 实验说明

停止 Windows"自动升级"服务有多种方法,本实验利用 Windows 提供的服务管理工具来停止 Windows"自动升级"服务。通过本实验,读者可以了解 Windows 服务管理工具,并了解如何关闭和开启 Windows 服务。

2. Windows 服务管理工具

Windows 服务是在 Windows 中可长时间运行的可执行应用程序,这些应用程序往往向用户提供某些服务功能。这些服务可以在计算机启动时自动启动,可以暂停和重新启动,而且不显示任何用户界面。

Windows 提供了服务管理工具来管理这些服务。进入"控制面板"|"管理工具",可以看到服务管理工具,双击"服务",即可打开服务管理工具,如图 4-38 所示。

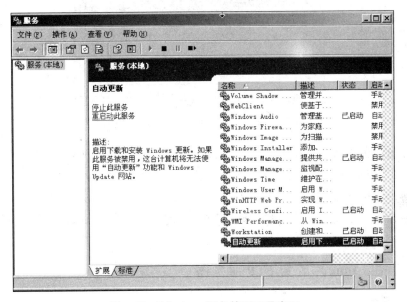

图 4-38　Windows 服务管理工具窗口

在 Windows 服务管理工具窗口中,可以看到系统中登记的所有 Windows 服务(包括"自动更新"服务)的信息,包括每个服务的名称、描述、状态、启动类型及登录类型等。其中描述说明了服务所提供的功能,状态说明了服务当前是否已启动,启动类型有以下三个选项:

(1) 自动:随 Windows 启动而启动。

(2) 手动:不随 Windows 启动而启动,需要用户或从属服务开启此服务。

(3) 禁用:禁止系统、用户或任务从属服务启动该服务。

3. 停止"自动升级"服务

使用 Windows 服务管理工具,停止"自动升级"服务有以下两种方法。

(1) 选中"自动更新"服务,在右侧窗口的左上角,有两个快捷链接:"停止此服务和重启动此服务",通过这两个快捷链接,可以停止或重启动该服务。

(2) 通过更改"自动更新"的属性界面来停止该服务。

前者只能暂时停止服务,当 Windows 重启动时,该服务可能会随 Windows 自动启动而启动;后者可以让该服务以后不再启动,本节介绍第二种方法。

双击"自动更新"服务(或者右击该服务,选择"属性"命令),打开该服务的属性对话框,如图 4-39 所示。

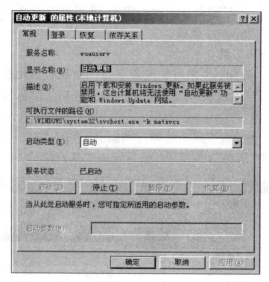

图 4-39　Windows "自动更新"服务的属性对话框

　　该属性对话框中显示了服务的名称、描述、可执行文件路径、服务状态等信息。在启动类型中,可以选择该服务是自动启动、手动启动还是禁用。在服务状态下的按钮中,可以启动、停止、暂停或恢复该服务。本示例中该服务状态为已启动,可以首先停止该服务,然后将其启动类型设置为手动或禁用,单击"确定"按钮,即可使该服务以后不再随 Windows 启动而自动启动。

4.2.6　在 Linux 中配置 FTP 服务器

1. 实验说明

　　FTP(File Transfer Protocol,文件传输协议)是在局域网和广域网中进行文件传输的应用层协议。Linux 下实现 FTP 服务的软件很多,最常见的有 vsftpd、Wu-ftpd 和 Proftp 等。本实验在 CentOS 平台上,以 vsftpd 为例,演示在 Linux 服务器中安装、配置、测试 FTP 服务器的过程。其他的 FTP 服务器和不同类型的 Linux 操作系统在安装、配置方面可能和本示例有所不同,但其基本原理和步骤是一样的。

2. FTP 简要介绍

　　FTP 服务器默认采用 TCP 的 20、21 端口与客户端通信。21 端口用于建立控制连接,并传输 FTP 控制命令;20 端口用于建立数据连接,并传输文件数据。

　　通常,访问 FTP 服务器时需要经过验证,只有通过验证,用户才能访问和传输文件。FTP 一般包括以下三种用户类型。

　　(1) 匿名用户。名为 ftp 或 anonymous 的用户。匿名用户使用任意密码(包括空密码)都可以通过 FTP 服务器验证。当匿名用户登录 FTP 服务器后,其登录目录为 FTP 服务器的根目录(一般默认为/var/ftp)。对于匿名用户,一般仅允许其下载文件,而限制其上传文件。

　　(2) 本地用户。以服务器上存在的账号登录的用户。当本地用户登录 FTP 服务器后,其登录目录为该用户的主目录(如 ccec 用户登录,其登录目录为/home/ccec)。

（3）虚拟用户。有些 FTP 服务器软件可以维护一份独立的用户数据库文件，而不是直接使用本地用户账号。这些位于独立数据库文件中的 FTP 用户账户，通常被称为"虚拟用户"，使用 FTP 虚拟用户可以提供更好的安全性。

3. vsftpd 安装配置

1）Linux 安装包管理

Linux 中，大多数软件均以安装包的形式发布，因此需要用到安装包管理软件。但常见的两类 Linux 系统却使用不同的方式来管理安装包。

（1）Red Hat 系列 Linux 系统（如 Red Hat、CentOS、Fedora 等）使用 rpm 或 yum 来管理安装包。rpm（Red Hat Package Manager，RPM 软件包管理器）是 Red Hat 系列 Linux 管理软件包的方法，安装包的后缀是 .rpm；yum（Yellow Dog Updater Modified）是一个基于 rpm 包管理的软件包管理器。它能从指定的服务器自动下载 rpm 包并且安装，可以处理依赖性关系，并且一次安装所有依赖的软件包，无须多次下载并安装。本示例的实验环境是 CentOS 5.4，因此均使用 rpm 或 yum 来安装相关软件。如果实验环境与 Internet 连接，建议使用 yum 来自动下载并安装相关软件。

（2）Debian 系列 Linux 系统（如 Debian、Ubuntu 等）使用的包管理软件是 dpkg 和 apt-get，如果读者实验环境为该系列 Linux，请使用 dpkg 和 apt-get。

2）安装 vsftpd

（1）检查 vsftpd 是否已安装

首先要查看系统是否安装 vsftpd 服务器软件，使用 rpm -q vsftpd 命令。如果出现具体的版本号信息（比如 vsftpd-2.0.5-28.e15），则说明 vsftpd 已经正确安装，其版本为 vsftpd-2.0.5-28.el5。如果出现提示信息"package vsftpd is not installed"，则说明 vsftpd 尚未安装。

（2）vsftpd 安装

在 CentOS 环境中，vsftpd 的安装可以采用以下两种方法之一。

① 使用 rpm 命令安装

获取 vsftpd 的 rpm 安装包后，可以使用如下命令安装：

```
rpm -ivh vsftpd-2.0.5-28.el5.i386.rpm
```

其中，vsftpd-2.0.5-28.el5.i386.rpm 为 vsftpd 安装包。安装包可以从网上下载或者从 Linux 安装光盘中获取。

② 使用 yum 安装

如果 Linux 服务器已经连上 Internet，可以直接使用 yum 命令下载并安装 vsftpd。使用 yum 的优点是它会自动选择与内核版本和硬件架构相适应的 rpm 包，同时自动安装 vsftpd 所需要的依赖包。图 4-40 是一个安装示例。

3）vsftpd 配置

vsftpd 安装成功后，会生成一个目录：/etc/vsftpd，其中包含三个重要的文件：主配置文件（vsftpd.conf）以及两个用户控制列表文件（ftpusers、user_list）。

（1）主配置文件

在主配置文件中，配置行采用了"配置项＝参数"的格式，并给了比较详细的注释说明

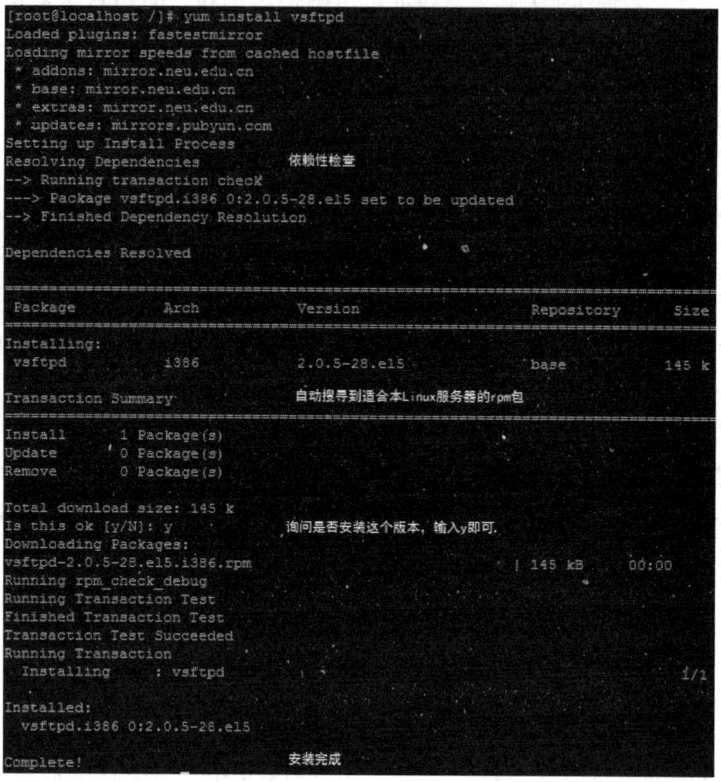

图 4-40　使用 yum 安装 vsftpd 软件包的过程示意图

（在 Linux 配置文件中，所有以 ♯ 开头的文字均是注释，对于某些配置参数，在最前面加上♯，表示注释这项参数，去掉♯，可以使之有效），例如：

```
…
#Allow anonymous FTP? (Beware-allowed by default if you comment this out).
anonymous_enable=YES
#
#Uncomment this to allow local users to log in.
local_enable=YES
…
```

其中，anonymous_enable=YES 表示允许匿名用户登录，如果删除该项或注释该项（在最前面加♯，变成 ♯ anonymous_enable＝YES），则默认不允许匿名用户登录。表 4-5 是vsftpd 常用的一些配置选项。

表 4-5　vsftpd 的常用配置选项

配置项及示例	配置简要说明
anonymous_enable=YES	允许匿名访问
local_enable=YES	允许本地用户（在服务器上拥有账号）登录
write_enable=YES	启动写入权限，如上传、删除文件等都需要开启此权限

配置项及示例	配置简要说明
local_umask=022	设置匿名用户所上传文件的默认权限,这里默认设置为 022
anon_upload_enable=YES	允许匿名用户上传文件,默认不允许。如果开启该选项,同时也要求匿名用户对其登录目录有写的权限,否则仍不能上传
anon_mkdir_write_enable=YES	允许匿名用户创建子目录,默认不允许。如果开启该选项,同时也要求匿名用户对其登录目录有写的权限,否则仍不能创建
dirmessage_enable=YES	用户切换进入目录时显示 .message 文件(如果存在)的内容
xferlog_enable=YES xferlog_file=/var/log/sferlog	启用 xferlog 日志,默认记录到/var/log/xferlog 中
xferlog_std_format=YES	启用标准的 xferlog 日志格式,若禁用此项,将使用 vsftpd 自己的日志格式
connect_from_port_20=YES	运行服务器主动模式(从 20 端口建立数据连接)
chown_uploads=YES chown_username=whoever	改变匿名用户上传文件的属主,例如改为 whoever。注意,不推荐使用 root
idle_session_timeout=600	连接空闲 600s 后,断开连接
data_connection_timeout=120	数据连接中断 120s 后,断开连接
ascii_upload_enable=YES ascii_download_enable=YES	是否支持 ASCII 模式的上传下载。默认不支持。开启这些选项,FTP 服务器易受到 DOS 攻击
chroot_list_enable=YES chroot _ list _ file =/etc/vsftpd/chroot_list	允许 chroot_list_file 中的用户跳转到其他目录,而其他用户不允许。如果注释掉 chroot_list_enable,则在 chroot_list_file 中的用户不能跳转,而其他用户允许
listen=YES	以独立运行的方式监听服务
userlist_enable=YES	是否启用 user_list 用户列表文件
userlist_deny=YES	是否禁用 user_list 列表中的用户账号
tcp_wrappers=YES	启用 TCP_Wrappers 主机访问控制

(2) 用户控制列表文件

① ftpusers。该文件中包含的用户账户将被禁止登录 vsftpd 服务器,不管该用户是否在 user_list 文件中出现。为安全起见,root 用户默认在该文件中,禁止远程登录。

② user_list。该文件中包含的用户账号可能被禁止登录,也可能被允许登录。当 userlist_enable=YES 时,user_list 生效,此时结合 userlist_deny,可控制是否允许该文件中的用户账号登录。当 userlist_deny=YES 时,在该文件中的账号不允许登录,而其他用户允许;而 userlist_deny=NO 时,在该文件中的账号允许登录,其他用户却不允许。

4) vsftpd 服务控制

可以使用 service 命令来控制 vsftpd 服务的启动、停止及重新启动。

(1) 启动:service vsftpd start

(2) 停止:service vsftpd stop

(3) 重启:service vsftpd restart

重启操作实质上就是停止后再启动,当配置文件被修改后,必须重启,新配置的服务才能够生效。

图 4-41 是上述服务控制命令的演示结果。

图 4-41　使用 service 命令控制 vsftpd 服务的示意图

4．FTP 服务器访问

常用的访问 FTP 服务器的方式有两种：通过浏览器访问和使用 FTP 工具软件访问。下面对使用这两种方式进行匿名访问和使用本地账号访问进行简要说明。

1）使用浏览器访问

正常情况下，在浏览器中即可通过 FTP 登录 FTP 服务器。根据是否是匿名访问，登录方式可分为以下两种。

（1）匿名登录 FTP 服务器。输入 ftp：//IP 或域名：端口，即可对 FTP 服务器匿名访问，如 ftp：//192.168.232.130。其中，192.168.232.130 为 FTP 服务器的 IP 地址，如果 FTP 服务器采用默认端口，端口可以省略。如果 FTP 服务器不支持匿名访问，浏览器会弹出窗口，要求输入 FTP 服务器本地用户名和密码。

（2）使用 FTP 服务器本地账号登录。输入 ftp：//user：pass@IP 或域名：端口进行访问，如 ftp：//ftpuser：111111@192.168.232.130。其中，ftpuser 为 FTP 服务器中的本地账号，111111 为 ftpuser 的明文密码，192.168.232.130 为 FTP 服务器的 IP 地址，采用默认端口。

正确登录后，用户即可在浏览器提供的界面中，对主目录下的文件进行下载、上传、删除等操作（根据配置权限）。

应注意的是，IE 浏览器在登录成功后，默认使用资源管理器打开远程 FTP 服务器中的主目录，用户可以像操作本地文件一样操作远程文件，如打开、删除、增加等（应具有相应权限）；而其他类型的浏览器（如搜狗浏览器、火狐浏览器等）一般不提供这种功能，只能在浏览器中通过"另存为"等操作下载文件。

总体而言，使用浏览器访问 FTP 服务器并不方便，而且容易泄露本地用户的密码，一般用于匿名访问或仅仅是少量的文件下载。如果需大量地上传下载文件，一般使用 FTP 工具。

2）使用 FTP 工具访问

常见的 FTP 工具有 LeapFTP、FlashFTP、CuteFTP 等。使用 FTP 工具进行文件的上传下载比浏览器访问方便快捷得多。图 4-42 是用户 ftpuser 使用 LeapFTP 访问远程 FTP 服务器的示例。

此例使用了 FTP 用户 ftpuser 登录，如果想匿名登录，则勾选"匿名"复选框，在地址栏中输入 FTP 服务器地址后，单击"转到"按钮即可。在如图 4-42 所示的 LeapFTP 界面中，采用拖动方式即可进行文件的上传、下载等操作，也可非常方便地进行删除、建立目录等操作，当然用户应具有相应的权限。

5．vsftpd 测试

1）测试前准备

在进行测试前，应做好以下 5 项准备工作。

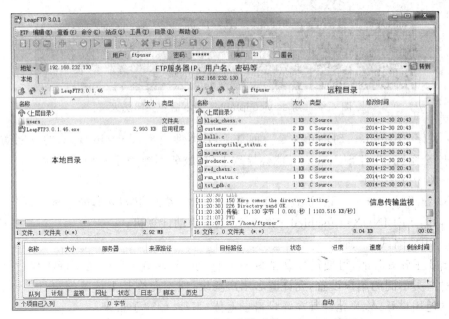

图 4-42　用户 ftpuser 成功登录后的 LeapF TP 界面

（1）应保证 FTP 服务器和测试主机网络的连通性，可通过 ping 等网络测试手段来进行测试。

（2）在 FTP 服务器上创建一个测试用户 ftpuser，并为其设定密码，后面会以该用户为例，进行本地用户登录及操作测试；同时向/var/ftp/pub 目录下复制一些用于测试的文件。

（3）使用 service vsftpd start 命令开启服务器 FTP 服务。

（4）关闭服务器防火墙。可首先通过 service iptables status 命令测试防火墙是否打开，如果打开，请使用 service iptables stop 关闭它。

图 4-43 是使用 service iptables status 命令查看到的信息（仅截取了部分），显示了防火墙定义的部分规则，这说明防火墙被打开。接着，使用 service iptables stop 命令即可停止防火墙服务，然后再使用 service iptables status 命令检查防火墙的启停状态，结果将看到防火墙被关停的提示信息"Firewall is stopped."，如图 4-44 所示。

图 4-43　用 service iptables status 命令查看到的防火墙规则信息(部分)

　　注意：不关闭防火墙，可能导致测试主机通过 FTP 不能正常访问 FTP 服务器。当然，通过防火墙配置命令，开放 FTP 服务器所使用的端口，可以在不关闭防火墙的情况下使用 FTP 服务。推荐测试时关闭防火墙，正式对外提供服务时采用后面的方式。

```
[root@localhost ~]# service iptables stop
Flushing firewall rules:                                    [  OK  ]
Setting chains to policy ACCEPT: filter                     [  OK  ]
Unloading iptables modules: Removing netfilter NETLINK layer.
                                                            [  OK  ]
[root@localhost ~]# service iptables status
Firewall is stopped.
```

图 4-44　用 service iptables stop 命令关闭防火墙

（5）关闭 SELinux。SELinux 是一种基于域-类型模型（domain-type）的强制访问控制（MAC）安全系统，开启 SELinux 可能会导致 FTP 服务不能被正常访问。测试时建议关闭 SElinux，关闭方法如下。

编辑/etc/selinux/config，检查 SELINUX 是否配置为 disabled，如果不是，将其修改为 disabled，即：SELINUX＝disabled。修改后，重新启动计算机。

2）可用性测试

vsftpd 正确安装后，可使用默认的配置文件，测试 vsftpd 是否能正确工作。默认访问规则针对两类不同的用户设置，允许匿名用户登录，但不允许其上传及创建目录；允许 FTP 服务器本地用户登录，并允许其在登录目录上传、下载、创建子目录。

本测试中，FTP 服务器 IP 地址为 192.168.232.130，采用默认端口，示例均采用 IE 浏览器访问 FTP 服务器。

（1）匿名登录测试

在 IE 浏览器地址栏中输入"ftp://192.168.232.130"后，IE 浏览器自动使用资源管理器打开远程主目录，进入主目录，可以查看主目录下的文件信息，如图 4-45 所示。

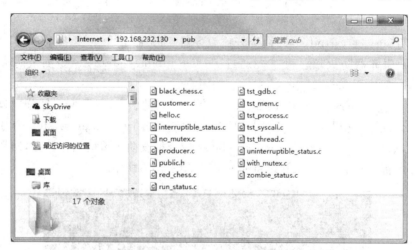

图 4-45　用 IE 登录 FTP 服务器后可查看主目录下的文件信息

在此界面下，可以下载（复制）文件。但当匿名用户尝试向该文件夹复制文件（上传）时，会出现没有权限的出错提示。

（2）本地用户登录测试

在 IE 浏览器地址栏中输入"ftp://ftpuser:111111@192.168.232.130"后，IE 浏览器自动使用资源管理器打开 ftpuser 的远程主目录，进入主目录，可以查看 ftpuser 用户主目录下的文件信息。用户 ftpuser 可以在此进行添加（上传）、复制（下载）、删除、建立子目录等操作。读者可以自行测试。

3) 允许匿名用户上传

默认访问规则不允许匿名用户上传及创建子目录,如果要允许匿名用户上传文件,则主要需进行两项修改操作,一是修改配置文件以允许匿名用户上传;二是修改 FTP 根目录(默认为/var/ftp)下某个子目录(如 pub)的拥有者属性为 ftp(此即 Linux 系统给匿名用户的账号),以允许匿名用户向该子目录上传文件。

注意:不能将 FTP 根目录/var/ftp 的拥有者修改为 ftp,否则匿名用户对 FTP 根目录有完全的控制权限,为安全起见,vsftpd 在此种情况下,会拒绝匿名用户登录。

(1) 配置及目录拥有者修改

① 修改配置文件

修改/etc/vsftpd/vsftpd. conf 文件,去掉 anon_upload_enable=YES 前的♯,即允许匿名用户上传文件。

② 修改/var/ftp/pub 的拥有者为 ftp

使用 chown ftp /var/ftp/pub 命令即可。

按照以上操作完毕后,使用 service vsftpd restart 命令重启 vsftpd 服务。

(2) 匿名用户上传测试

在 IE 浏览器地址栏中输入"ftp://192.168.232.130",登录 FTP 服务器;在出现的资源管理器界面中,进入 pub 目录,可以向该目录增加文件(上传),读者可以自行测试。

4.2.7　在 Linux 中配置 AMP 环境

1. 实验说明

在 Web 服务平台的设计上,目前常见的有两大类系统,一类是架设在 Windows 平台上,使用 IIS 作为 HTTP 服务器,MS SQL 作为数据库服务器,ASP 作为服务器端语言;另一类架设在 Linux 平台上,HTTP 服务器使用 Apache,数据库采用 MySQL,PHP 作为服务器端语言,简称 LAMP。

本实验学习 LAMP 的安装及简要配置,最后给出一个简要示例,帮助读者了解 Apache、MySQL 以及 PHP 语言如何配合起来提供 Web 服务。

本示例环境是 CentOS 5.4,内核版本是 2.6.18,硬件架构是 i386。其他环境的安装配置方法可能有所不同,请读者注意。

2. LAMP 简介

LAMP 是指 Linux(操作系统)、Apache(HTTP 服务器)、MySQL(数据库)以及 PHP(服务器端语言)的第一个字母的组合,一般用来建立 Web 服务器。虽然这些程序本身并不是专门设计成同另几个程序一起工作的,但由于它们免费和开源,投资成本较低,而且提供了较为完整的解决方案,因此这个组合开始流行。

1) Apache

Apache 是目前较为流行的开放源码的 Web 服务器软件,无论是在 Linux 平台还是 Windows 平台,很多网站使用 Apache 来提供 HTTP 服务。Apache 目前有几种主要版本,包括 1.3. x、2.0. x 以及 2.2. x 等,在 1.3. x 以前的版本通常取名为 Apache,2. x 以后则称为 httpd。读者可以在 Apache 网站(www. apache. org)找到更多信息。

2) MySQL

MySQL 是一个开放源码的关系型数据库管理系统,原开发者为瑞典的 MySQL AB 公司,后经多次收购,MySQL 成为 Oracle 旗下产品。由于其体积小、速度快、投资成本低,而且开放源码,很多中小型网站使用 MySQL 作为网站数据库。读者可以在 MySQL 网站(www.mysql.org)找到更多信息。

3) PHP

PHP 是一种编程语言,PHP 语法混合了 C、Java、Perl 以及 PHP 自创的语法,常用于在服务器端编写动态网页。PHP 可以直接在网页中编写,不需要经过编译即可执行。由于具有开源、跨平台、容易学习及执行效率高等优点,目前它是很热门的网页设计服务器端语言。读者可以在 PHP 网站(www.php.net)找到更多信息。

3. LAMP 安装及配置

1) 需要的软件

LAMP 至少需要以下软件。

(1) Apache 软件:httpd。

(2) MySQL 服务器端软件:mysql-server。

(3) PHP 软件:php、php-mysql。

其中,php-mysql 使得 PHP 支持 MySQL 的使用。

2) LAMP 安装

类似于 FTP 服务器,LAMP 的安装可以使用 yum、rpm 等方式安装。由于这些软件均是开源软件,也可以下载相应的源代码包(如 tar 包),编译后安装。

(1) 使用 yum 安装

如果连接 Internet,建议使用 yum 安装。安装方法非常简单,使用命令 yum install httpd mysql-server php php-mysql 即可。yum 会自动搜寻符合环境要求的组件包及依赖包,并自动安装。在安装过程中,按照提示输入"y"即可完成安装。yum 的安装过程可参考 FTP 服务器的安装。

(2) 使用 rpm 安装

获取相应软件的 rpm 包,使用 rpm 命令逐一进行安装即可。

(3) 使用源码包

如果编译好的 rpm 包不适用于读者测试环境,可以在相关网站上下载源代码包,一般为 tar 包或 tar.bz2 包,解压缩后,根据软件编译说明,自行进行编译和安装,一般过程如下。

① 配置编译环境:如./configure 参数。

② 编译:make。

③ 安装:make install。

3) LAMP 配置

在 Apache、MySQL 和 PHP 三者的关系中,MySQL 负责信息的存取,PHP 程序用来控制 MySQL,而 PHP 挂在 Apache 下面执行,因此,除了常规的配置外,配置的另一个重点是三者之间的结合,使其配合在一起工作。主要包括两点:一是 Apache 对 PHP 的支持,二是 PHP 对 MySQL 的支持。

下面先简要介绍各软件主要配置文件及重要配置参数,然后介绍使这三个组件配合工作的配置项。

（1）Apache 配置

① 主配置文件

/etc/httpd/conf/httpd. conf 是 Apache 最主要的配置文件，相关配置都可以在这个文件中设置。配置项目有很多，这里仅说明如何修改首页支持的文件名、ServerRoot、httpd 提供服务的端口（默认为 80）以及主目录（默认为/var/www/html）等几个配置项。

• ServerRoot

ServerRoot（大约在 57 行）申明了 httpd 服务器的保存配置文件、错误以及日志信息的顶级目录，为其默认目录/etc/httpd，如果不按默认目录安装，需修改该参数。

• Listen

Listen（大约在 134 行）：申明 httpd 提供的服务端口，默认是 80。如想在其他端口上提供服务，请更改此参数。如 Listen 8080，将服务端口更改为 8080。

• DocumentRoot

DocumentRoot（大约在 281 行）：申明了 httpd 主目录（存放 HTML 等文件的地方），默认为/var/www/html。

如果想更改主目录，请修改该参数，如 DocumentRoot /var/htdocs，将主目录修改为/var/htdocs。修改完该参数后，还需为新的主目录设置权限，最简单的方法是修改<Directory "/var/www/html">项（大约在 306 行），修改为<Directory "/var/htdocs">。

注意：从<Directory "/var/www/html">（约 306 行）开始，到</Directory>（约 335）行，是对目录/var/www/html 的权限设置。因此对于新的主目录，简单修改就是直接使用新的主目录替换/var/www/html。

• DirectoryIndex

首页是访问 WWW 服务时，默认打开的文件名。默认设置：

```
DirectoryIndex index.html index.html.var
```

即默认的文件名为 index. html，可以修改该项参数，如果对 PHP 的支持，一般要修改为：

```
DirectoryIndex index.html index.php index.html.var
```

原因在于使用 PHP 语言开发的程序后缀为. php，使用了 PHP 的首页一般命名为 index. php。

② 额外配置参数文件

如果有额外的参数，而又不想修改原始配置文件 httpd. conf，可以将这些参数独立出来，将其写入扩展名为. conf 文件中，并将该文件放置到/etc/httpd/conf. d/目录中。Apache 启动时，这些文件会被读入主配置文件中，从而使这些参数生效。

这样做的优点在于当系统升级时，几乎不需要更改主配置文件，只需将自己额外的参数文件复制到正确位置即可，维护更为方便。Apache 对 PHP 支持的参数配置就是采用这种方法，将在后文介绍。

（2）PHP 配置

PHP 的主配置文件是/etc/php. ini，可以修改一些配置。如 file_uploads 设置是否允许上传文件，upload_max_filesize 设置了上传文件的最大尺寸等。

另外，PHP 要加载使用的外部扩展模块，应使用 extension 加以申明，如果 PHP 要使用 MySQL，则需添加：extension＝mysql. so。

和 httpd 类似，对于一些参数，也可以单独放置在一个后缀为. ini 的文件中，然后将该文件放置在/etc/php. d 目录中。PHP 对 MySQL 支持的参数配置就是采用这种方法，将在后文介绍。

（3）MySQL 配置

MySQL 的主配置文件是/etc/my. cnf，该配置文件定义了数据库数据存储位置，日志文件位置等。除非对数据库做进一步优化，一般不需要对其进行修改。

（4）三个组件的配合设置

要使 httpd、MySQL 以及 PHP 配合一起工作，需要进行一系列配置，主要包括两点：一是 Apache 对 PHP 的支持，二是 PHP 对 MySQL 的支持。

① Apache 对 PHP 的支持

Apache 对 PHP 的支持，主要有以下三点。

- Apache 启动时，要加载 PHP 模块。PHP 目前有两个主要版本，一个是 PHP 4. x，一个是 PHP 5. x，系统安装的是哪个 PHP 版本，就需要添加哪个版本的 PHP 模块。例如，本例安装的是 PHP 5.1.6，应添加配置：LoadModule php5_module modules/libphp5. so。
- 添加首页文件名。使用 PHP 语言开发的程序后缀为. php，使用了 PHP 的首页一般命名为 index. php，因此要在 DirectoryIndex 中添加 index. php，作为默认的首页，如修改为：DirectoryIndex index. html index. php index. html. var。
- 添加可以执行的文件类型：AddType text/html . php。

Apache 在安装时，在/etc/httpd/conf. d 目录中，添加了 php. conf 文件，其内容包含以上内容，具体如下。

```
#PHP is an HTML-embedded scripting language which attempts to make it
#easy for developers to write dynamically generated webpages.
#
<IfModule prefork.c>
  LoadModule php5_module modules/libphp5.so
</IfModule>
<IfModule worker.c>
  #Use of the "ZTS" build with worker is experimental, and no shared
  #modules are supported.
  LoadModule php5_module modules/libphp5-zts.so
</IfModule>
#
#Cause the PHP interpreter to handle files with a .php extension.
#
AddHandler php5-script .php
AddType text/html .php
```

```
#
#Add index.php to the list of files that will be served as directory
#indexes.
#
DirectoryIndex index.php
#
#Uncomment the following line to allow PHP to pretty-print .phps
#files as PHP source code:
#
#AddType application/x-httpd-php-source .phps
```

因此，只需检查一下/etc/httpd/conf. d/php. conf 文件是否存在，如果不存在，创建一个同样的文件即可。

② PHP 对 MySQL 的支持

要在 PHP 中添加对 MySQL 的支持，只需在配置文件中增加 extension＝mysql. so 即可。

PHP 安装时，在/etc/php. d 目录中，添加了 mysql. ini 文件，其内容为：

```
; Enable mysql extension module
extension=mysql.so
```

因此，只需检查一下/etc/php. d/mysql. ini 文件是否存在，如果不存在，创建一个同样的文件即可。

4. LAMP 启动

启动 LAMP 包括两个操作：启动 MySQL 和启动 httpd，二者并无先后顺序。

(1) 启动 MySQL：service mysqld start。

(2) 启动 httpd：service httpd start。

两个服务启动后，LAMP 就可以对外提供服务。启动过程示例如图 4-46 所示。

```
[root@localhost etc]# service mysqld start
Starting mysqld:                                    [  OK  ]
[root@localhost etc]# service httpd start
Starting httpd:                                     [  OK  ]
```

图 4-46　LAMP 启动过程示意图

5. LAMP 测试

1）测试前准备

在进行测试前，应做好以下准备工作。

(1) 保证服务器和测试主机网络的连通性，可用 ping 等网络测试手段来进行测试。

(2) 启动 LAMP 各项服务。

(3) 关闭服务器防火墙。可用 service iptables stop 命令，见 4.2.6 节。

注意：不关闭防火墙，可能导致测试主机通过 HTTP 不能正常访问服务器。当然，通过防火墙配置命令，开放 Web 服务所使用的端口，可以在不关闭防火墙的情况下使用 HTTP 服务。推荐测试时关闭防火墙，正式对外提供服务时采用后面的方式。

(4) 关闭 SELinux。方法同 4.2.6 节。

2）正确性测试

所有组件全部安装配置完毕后，可以通过一些简单的测试，来测试安装的正确性。

（1）Apache 的正确性

在测试机上，通过浏览器访问服务器：http：//IP：端口，如 http：//192.168.232.130（使用默认端口 80，可省略端口），如果出现如图 4-47 所示结果，则说明 Apache 安装正确。

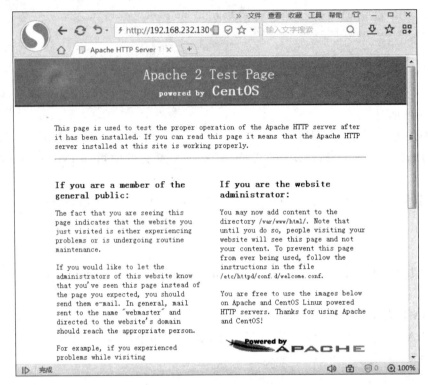

图 4-47　在浏览器地址栏中输入 Apache 服务器地址成功登录测试页面

（2）PHP 的正确性

编写一个简单的 PHP 代码 index.php，内容如下：

```
<? php
phpinfo();
? >
```

phpinfo 函数显示系统所安装的 PHP 版本、支持的模块等信息。如果出现如图 4-48 所示结果，则说明 PHP 正确安装。

（3）MySQL 的正确性

MySQL 使用时，常用一些 MySQL 命令来操作数据库，下文先简介常用的两个命令，然后，使用这些命令来测试 MySQL。

① MySQL 常用命令简介

MySQL 常用命令有两个：mysql 及 mysqladmin。mysql 用于连接本机或远程的 MySQL 数据库，连接后，可以使用 SQL 命令来操作数据库。mysqladmin 用于 MySQL 数据库管理，可以修改用户密码、创建数据库、清理日志等操作。

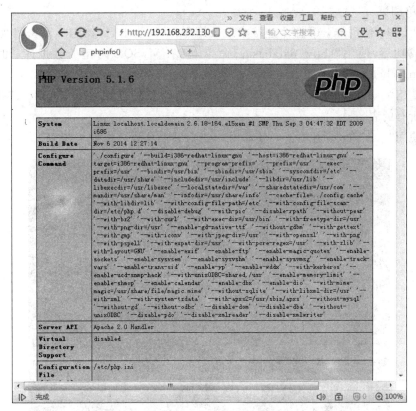

图 4-48　在浏览器地址栏中输入 Apache 服务器地址成功登录 PHP 首页

- mysql 命令

常用格式：mysql -u 用户名 -p 用户密码 -h 数据库所在主机地址。

如果使用 root 用户登录到 IP 地址为 192.168.232.130 主机上的 MySQL 数据库，root 密码为 123-abc，则使用命令"mysql -u root -p 123-abc -h 192.168.232.130"即可。

如不加任何参数，表示要登录到本地所在主机地址，用户为 root。

如果用户的密码为空，可以不加 -p 参数，如果使用了 -p 参数，MySQL 会提示输入该用户密码，此时直接回车即可。

正确连接数据库后，将会出现 mysql> 提示符，在该提示符下，可输入 SQL 语句，对数据库进行操作；操作结束，输入"quit"退出。

- mysqladmin 命令

mysqladmin 用于执行一些管理性操作，如果修改用户密码、创建新的数据库、清理缓存、日志，关闭服务器等。如果要更改用户密码，则使用命令"mysqladmin -u 用户名 -p 旧密码 password 新密码"即可。如果用户没有密码，则不使用 -p 选项。

注意：

- 这里所指用户名，指的是 MySQL 的用户名，和 Linux 操作系统的用户名无关。示例中的 root，指的是 MySQL 的管理员用户，只不过和 Linux 操作系统的管理员重名。
- MySQL 安装后，root 用户默认没有密码。测试时可以不加密码，但正式对外提供服务时，请为 root 加上密码。

② 简单测试

在该测试中,使用 mysql 命令连接本地数据库,默认使用 root 用户,其密码为空。

连接成功后,使用"show database;"命令,显示 MySQL 内建的数据库,可以看到有 information_schema、mysql 以及 test 三个数据库。

接着使用"use mysql;"命令,选择 mysql 数据库;然后使用"show tables;"查看 mysql 数据库中所有的表。

最后使用"quit"命令,退出 mysql 命令。整个过程及结果如图 4-49 所示。

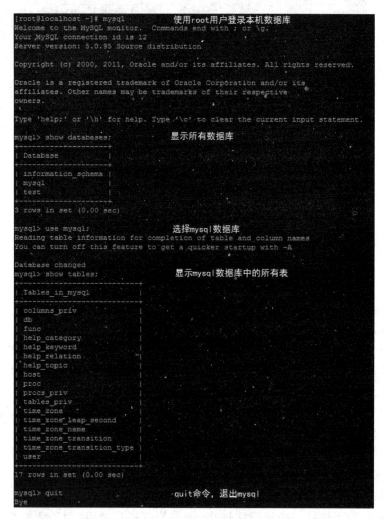

图 4-49 MySQL 正确性简单测试过程示意图

3)一个简单的数据库访问测试示例

(1)示例说明

在 MySQL 数据库中建立一个 employees 表,保存员工的姓名、地址、电话、邮箱等信息。编写一个 PHP 代码,查询该表中的信息,并将该信息打印到浏览器中。

该示例最主要的工作是在 MySQL 中正确创建数据库表,并写入几个示例记录;另一个重要的工作是使用 PHP 语言访问数据库,获取员工信息,并打印信息。

（2）创建 employees 表

① employees 表简要设计（见表 4-6）。

表 4-6　employees 表

字　　段	类　　型	长　　度	是否允许空	主键	说　　明
id	tinyint	4	否	是	唯一 ID
name	varchar	20	是		姓名
email	varchar	30	是		邮件
tel	varchar	20	是		电话
address	varchar	50	是		地址

② 示例员工记录信息（见表 4-7）。

表 4-7　员工信息表

id	name	email	tel	address
1	student1	st1@163.com	15053511111	ccec
2	student2	st2@163.com	15053512222	ccec

③ 使用 mysql 命令创建并插入记录。

使用 mysql 命令连接 MySQL 后（默认使用 root，其用户密码为空），按以下操作步骤进行。

- 选择 mysql 数据库：

```
use mysql;
```

- 创建 employees 表：

```
create table employees (id tinyint(4) NOT NULL AUTO_INCREMENT, name varchar(20),
email varchar(30), tel varchar(20), address varchar(50), PRIMARY KEY (id), UNIQUE
id (id));
```

表创建成功之后，使用"show tables;"命令，可以看出 mysql 数据库中增加了一个新表：employees。

- 插入第一个示例员工记录：

```
insert into employees values (1, 'student1', 'st1@ 163.com', '15053511111', 'ccec');
```

- 插入第二个示例员工记录：

```
insert into employees values (1, 'student2', 'st2@ 163.com', '15053512222', 'ccec');
```

插入完毕后，使用"select * from employees;"命令，可以看到 employees 表中所有记录信息。

- 最后输入"quit"，退出 MySQL。

（3）编写 PHP 代码 index.php

编写一个查询数据库的 PHP 代码作为网站首页，命名为 index.php。该文件保存到

hpptd 的主目录：/var/www/html。

```php
<? php
    printf("The information of employees.<br/>");
    //连接 MySQL: 本地数据库 localhost,使用 root 用户
    //因为 root 用户没有密码,如果有,则需给第三个密码参数
    $db=mysql_connect("localhost", "root");
    //选择 MySQL 数据库
    mysql_select_db('mysql');
    //查询 employees 表中信息
    $sql='select * from employees';
    $result=mysql_query($sql);
    printf("------------------------------<br/>");
    //解析查询到的信息,并打印
    while($row=mysql_fetch_array($result, MYSQL_ASSOC))
    {
        printf("id : %d<br/>", $row[id]);
        printf("name : %s<br/>", $row[name]);
        printf("email : %s<br/>", $row[email]);
        printf("tel : %s<br/>", $row[tel]);
        printf("address: %s<br/>", $row[address]);
        printf("------------------------------<br/>");
    }

    //关闭数据库连接
    mysql_close($db);
? >
```

注意:

① PHP 访问 MySQL 数据库和常规的数据库访问方式一致;首先需连接数据库,然后选择数据库,查询使用完毕后,需关闭数据库连接。

② printf 语句中
代表换行,在 HTML 中,"<br/>"代表换行,而不是 C 语言中的"\n"。

（4）访问测试

在测试机浏览器地址栏中输入被测服务器的 IP 地址,如"http://192.168.232.130",即可看到 employees 表中的所有员工信息。

4.2.8　在 Windows 上配置 IIS 服务

1. 实验说明

IIS(Internet Information Services,互联网信息服务)是微软公司提供的基于 Windows 的互联网基本服务。本实验以 Windows XP 为例,通过安装 IIS,在 Windows 平台上搭建一个 WWW 以及 FTP 服务器,以供读者参考,其他 Windows 系统 IIS 安装及配置方法和此类似。

2. 安装前准备工作

安装 IIS 时,需要用到 Windows 系统中相关文件;因此,在安装前,需要准备一个 Windows 系统光盘,并将其放入光驱中。

3. IIS 安装

IIS 通过控制面板中的"添加或删除程序"管理工具安装。打开"控制面板",找到"添加或删除程序",双击"添加或删除程序"图标,打开"添加或删除程序"管理工具,该工具中显示了当前由用户安装的所有程序。选择左侧的"添加/删除 Windows 组件",进入 Windows 组件向导,如图 4-50 所示。

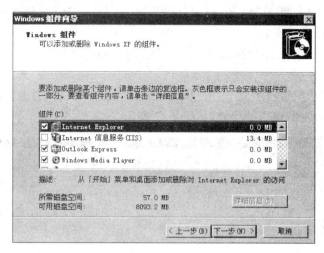

图 4-50 Windows 组件向导界面

该界面中显示了所有已经安装的 Windows 组件,可以在该界面下添加或删除 Windows 组件。通过该界面,可知系统中已经安装了 IE、Outlook、Media Player 等,但没有安装 IIS。

IIS 实际是多种 Windows 服务的一个集合,勾选"Internet 信息服务(IIS)",即选择安装 IIS 默认的一些服务,这些服务包含 WWW 服务,但不包含 FTP 服务。因此需要自定义安装 IIS 包含的服务。双击"Internet 信息服务(IIS)",显示如图 4-51 所示界面。

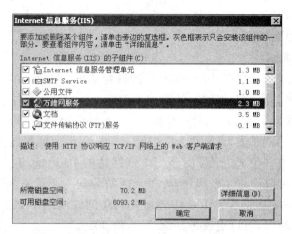

图 4-51 Internet 信息服务(IIS)界面

可以看到 IIS 默认选择了 SMTP 邮件服务、WWW 万维网服务等，但没有选择 FTP 文件传输服务。其中的每个服务可能也包含一些子服务，双击该服务，也可修改该服务所包含的子服务。

本实验需要搭建一个 Windows FTP 服务器，因此需要勾选"文件传输协议（FTP）服务"。选择好 IIS 需要安装的组件后，单击"确定"按钮返回 Windows 组件向导，单击"下一步"按钮，按照提示进行安装。

在安装过程中，按系统提示，插入系统光盘，单击"确定"按钮，出现文件选择窗口，单击"浏览"按钮，选择系统文件目录下的 i386 目录，如果系统文件是在光盘中，选择光驱下的 i386 目录，正确选择后，单击"确定"按钮继续安装。正确安装后，将会出现完成安装的提示，单击"确定"按钮完成安装。

如果 IIS 正确安装，打开"控制面板"|"管理工具"，将会看到"Internet 信息服务"图标。

4. IIS 配置

双击"控制面板"|"管理工具"中的"Internet 信息服务"图标，打开"Internet 信息服务"管理工具，打开窗口左侧相应的列表，如图 4-52 所示。

图 4-52　Internet 信息服务管理工具界面

可见，IIS 安装完成后，向外部提供 WWW、FTP 以及 SMTP 三种服务，系统也自动建立了一个默认网站、一个默认 FTP 站点以及一个默认 SMTP 虚拟服务器。本节重点介绍 WWW 以及 FTP 的配置及测试。

1）WWW 配置及测试

（1）WWW 简要配置

在图 4-52 左侧栏目中的"默认网站"上单击鼠标右键，在弹出的右键菜单中，单击"属性"命令，打开"默认网站属性"对话框，如图 4-53 所示。

IIS 默认网站属性对话框包含多个选项卡，在每个选项卡中，可以设置网站的相关属性。本节重点介绍"网站"、"主目录"以及"文档"三个选项卡中的属性。

在"网站"选项卡中，"IP 地址"说明分配给该网站的 IP 地址，在 Windows 服务器有多个 IP 地址的情况下，可以设立多个网站，为每个网站分配一个独立的 IP 地址，默认为"（全部未分配）"，表明使用该服务器的任何 IP 地址均可访问该网站；"TCP 端口"申明该网站的服务端口，默认为 80 端口，可以更改为其他端口，如 8080。

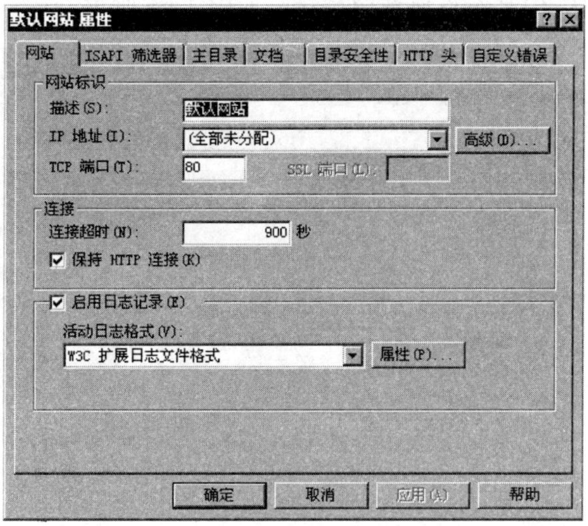

图 4-53　"默认网站属性"对话框

"主目录"选项卡定义了网站主目录的路径以及访问权限等。主目录是网站主要网页文件保存的目录,主目录路径默认为"c:\inetpub\wwwroot",可根据需要更改为其他目录;主目录默认访问权限为读取,如果无特殊需要,请不要勾选"写入"权限,以保证系统安全。

"文档"选项卡定义了网站默认页以及其顺序,可以添加或删除默认的名称,或调整它们的顺序。假设网站使用 PHP 开发,一般网站首页为 index.php,可以单击"添加"按钮,将 index.php 加入到默认文档中。

(2) WWW 测试

① 通过性测试

在 IIS 安装完毕后,在保持默认的情况下,可以打开浏览器,在地址栏中输入"http://127.0.0.1/IISHelp",如果 WWW 服务安装配置正确,会出现"Microsoft Internet 信息服务文档"(页面内容)。

② 建立一个简单网页

使用记事本,按照 HTML 格式建立一个简单网页 index.htm,内容如下。

```
<html>
<body>
<h1>测试网页</h1>
欢迎进入网络世界
</body>
</html>
```

其中,html、body、h1 等都是 HTML 标记,读者可参考相关指令。

将 index.htm 复制到网站主目录中(默认为 c:\inetpub\wwwroot),在浏览器中输入"http://127.0.0.1",即可看到该简单网页的内容。

2) FTP 配置及测试

(1) FTP 简要配置

在图 4-52 左侧栏目中的"默认 FTP 站点"上单击鼠标右键,在弹出的右键菜单中,单击

"属性"命令，打开"默认 FTP 站点属性"对话框，如图 4-54 所示。

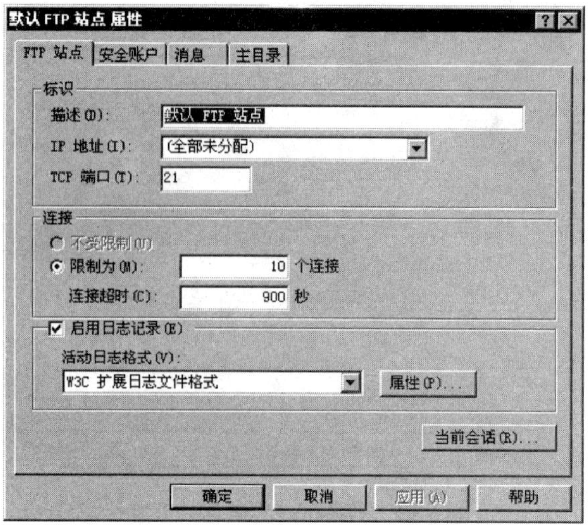

图 4-54 "默认 FTP 站点属性"对话框

该属性对话框中也包含多个选项卡，在每个选项卡中，可以设置 FTP 站点的相关属性。本节重点介绍"FTP 站点"以及"主目录"两个选项卡中的属性。

在"FTP 站点"选项卡中，"IP 地址"说明分配给该 FTP 站点的 IP 地址，在 Windows 服务器有多个 IP 地址的情况下，可以设立多个 FTP 站点，为每个 FTP 站点分配一个独立的 IP 地址，默认为"（全部未分配）"，表明使用该服务器的任何 IP 地址均可访问 FTP 站点；"TCP 端口"申明该 FTP 站点的服务端口，默认为 21 端口。

"主目录"选项卡定义了 FTP 主目录的路径以及访问权限等。主目录是 FTP 站点对外提供文件的主要目录，主目录路径默认为"c:\inetpub\ftproot"，可根据需要更改为其他目录；主目录默认访问权限为读取，如果无特殊需要，请不要勾选"写入"权限，以保证系统安全。

（2）FTP 测试

向 FTP 站点主目录（默认为 c:\inetpub\ftproot）中复制几个测试文件；然后在浏览器中输入"ftp://127.0.0.1"，如果 FTP 站点建立成功，则在出现的浏览器窗口中看到这几个测试文件，并可以打开或下载这些文件。

4.3 系统行为观察与分析级

4.3.1 观察 Linux 进程/线程的异步并发执行

1. 实验说明

本实验学习如何创建 Linux 进程及线程，通过实验，观察 Linux 进程及线程的异步执行，理解进程及线程的区别及特性，进一步理解进程是资源分配单位，线程是独立调度单位的含义（共享父进程资源）。

2. 常用进程及线程函数简介

（1）fork：创建子进程函数。父进程调用该函数创建子进程，子进程完全复制父进程的进程空间。父子进程根据 fork 返回值判断执行哪些代码。

① 函数原型：pid_t fork()；

②头文件：

```
#include <sys/types.h>
#include <unistd.h>
```

③ 返回值：如果进程创建失败，返回一个负值；如果创建成功，在父进程中，返回子进程的 PID，在子进程中，返回 0。

（2）waitpid：等待一个或某个子进程退出函数。一般情况下，父进程可以调用该函数，等待其所有子进程退出后才退出，以保证所有任务顺利完成。在 Linux 环境中，如果父进程先于子进程结束（如果不调用 waitpid 函数，可能出现该情况），系统会自动将 init 进程作为该子进程的父进程。

① 函数原型：pid_t waitpid(pid_t pid, int * status, int options)；

② 头文件：

```
#include <sys/types.h>
#include <sys/wait.h>
```

③ 参数：

pid：子进程的 PID，如果大于 0，则等待 PID 为该值的子进程退出，如果小于 0，则等待 PID 为该值的绝对值的子进程退出，如果等于 0，则等待任何一个子进程退出即可。

status：获取退出进程的退出状态。

options：提供一些选项来控制 waitpid 函数，如是否阻塞等待等。

④ 返回值：退出子进程的 PID。

（3）pthread_create：线程创建函数。进程调用该函数创建线程，线程和主进程共享进程空间。

① 函数原型：int pthread_create(pthread_t * tid, pthread_attr_t * attr, void * (* start_routine)(void *), void * arg)；

② 头文件：

```
#include <pthread.h>
```

③ 参数：

tid：返回线程标识符。

attr：线程属性设置。

start_routine：线程函数指针，线程函数原型为：void * thread_fun(void * arg)。

arg：传递给 start_routine 的参数。

④ 返回值：成功返回 0，出错返回-1。

（4）pthread_join：阻塞等待线程结束，如果线程已经结束，则该函数立即返回。主进程应调用该函数等待所有线程结束后才能退出。

① 函数原型：int pthread_join (pthread_t tid, void * * ret)；

② 头文件：

```
# include <pthread.h>
```

③ 参数：

tid：被等待线程标识符。

ret：保存被等待线程的返回值。

④ 返回值：成功返回 0,出错返回一个错误号。

3. 进程异步并发执行

1）实验描述

编写一个 C 语言程序,该程序首先初始化一个 count 变量为 1,然后使用 fork 函数创建两个子进程,每个子进程对 count 加 1 后,显示"I am son, count＝x"或"I am daughter, count＝x",父进程对 count 加 1 之后,显示"I am father, count＝x",其中 x 使用 count 值代替。最后父进程使用 waitpid 等待两个子进程结束之后退出。

编译链接后,多次运行该程序,观察屏幕上显示结果的顺序性,直到出现不一样的情况为止,并观察每行打印结果中 count 的值。

2）示例代码 tst_process.c

```c
# include <unistd.h>
# include <stdio.h>
int main()
{
    pid_t son_pid, daughter_pid;
    int count=1;
    while((son_pid=fork())<0);                //父进程创建 son 子进程
    if(son_pid==0)
    {
        count++;
        printf("I am son, count=%d\n", count);
    }
    else
    {
        while((daughter_pid=fork())<0);    //父进程创建 daughter 子进程
        if(daughter_pid==0)
        {
            count++;
            printf("I am daughter, count=%d\n", count);
        }
        else
        {
            count++;
            printf("I am father, count=%d\n", count);
            //父进程等待 son 及 daughter 进程退出后,才结束
            waitpid(son_pid, NULL, 0);
            waitpid(daughter_pid, NULL, 0);
        }
    }
```

```
        }
}
```

3）运行结果及分析

使用 gcc -o tst_process tst_process.c 命令编译链接后，多次运行，直到出现不一样的顺序，如图 4-55 所示。

```
[root@localhost code]# gcc -o tst_process tst_process.c
[root@localhost code]# ./tst_process
I am son, count=2
I am daughter, count=2
I am father, count=2
[root@localhost code]# ./tst_process
I am son, count=2
I am daughter, count=2
I am father, count=2
[root@localhost code]# ./tst_process
I am son, count=2
I am daughter, count=2
I am father, count=2
[root@localhost code]# ./tst_process
I am son, count=2
I am daughter, count=2
I am father, count=2
[root@localhost code]# ./tst_process
I am son, count=2
I am daughter, count=2
I am father, count=2
[root@localhost code]# ./tst_process
I am son, count=2
I am father, count=2
I am daughter, count=2
[root@localhost code]# ./tst_process
I am son, count=2
I am daughter, count=2
I am father, count=2
```

图 4-55　一个父进程与两个子进程并发执行情况

可见，子进程是一个独立调度单位，和主进程是并发运行的。同时，不管多个进程采用什么样的调度顺序，count 值始终都是 2，这是因为每个进程的代码和数据虽然都复制于父进程，但都是自己单独的进程空间。

4. 线程异步并发执行

1）实验描述

编写一个 C 语言程序，该程序首先初始化一个 count 变量为 1，然后使用 pthread_create 函数创建两个线程，每个线程对 count 加 1 后，显示"I am son，count＝x"或"I am daughter，count＝x"，父进程对 count 加 1 之后，显示"I am father，count＝x"，其中 x 使用 count 值代替。最后父进程使用 pthread_join 等待两个线程结束之后退出。

编译链接后，多次运行该程序，观察屏幕上显示结果的顺序性，直到出现不一样的情况为止，并观察每行打印结果中 count 的值。

2）示例代码 tst_thread.c

```
#include <unistd.h>
#include <stdio.h>
#include <pthread.h>

void * daughter(void * num)                    //daughter 线程函数
{
```

```
    int * a=(int * )num;
    * a+=1;
    printf("I am daughter, count=%d\n", * a);
}
void * son(void * num)                              //son 线程函数
{
    int * a=(int * )num;
    * a+=1;
    printf("I am son, count=%d\n", * a);
}

int main()                                          //main 主进程函数
{
    pthread_t son_tid, daughter_tid;
    int count=1;
    pthread_create(&son_tid, NULL, son, &count);              //创建 son 线程
    pthread_create(&daughter_tid, NULL, daughter, &count);    //创建 daughter 线程
    count++;
    printf("I am parent, count=%d\n", count);
    //主进程阻塞等待两个子线程退出
    pthread_join(son_tid, NULL);
    pthread_join(daughter_tid, NULL);
    return 0;
}
```

3）运行结果及分析

使用 gcc -o tst_thread tst_thread.c -lrt 命令编译链接后（注意，需要链接 librt.so 库），
多次运行，直到出现不一样的顺序，如图 4-56 所示。

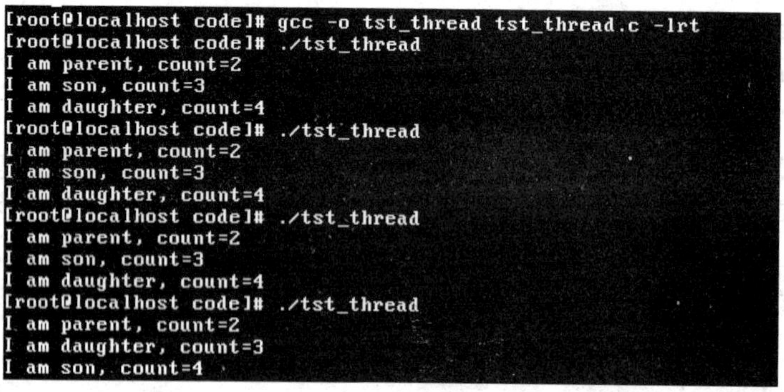

图 4-56　一个父进程与两个子线程并发执行情况

可见，线程是一个独立调度单位，和主进程并发运行。同时，count 的值发生变化，这是
因为每个线程和主进程共享进程空间，对于 count 来说，它们共享 count 变量，因此，在多线
程共享进程空间同一数据时，应加互斥进行同步。

4.3.2 观察 Linux 进程状态

1. 实验说明

本实验学习 Linux 操作系统的进程状态,并通过编写一些简单代码来观察各种情况下,Linux 进程的状态,进一步理解进程的状态及其转换机制。

2. Linux 进程状态及其相互转换

Linux 中,进程有以下 6 种状态。

(1) TASK_RUNNING:运行状态。它实际上包含一般操作系统原理教材中所谓进程三种基本状态中的执行及就绪两种状态。即,在 Linux 中,当前运行的进程和就绪的进程,状态都为 TASK_RUNNING。

(2) TASK_INTERRUPTIBLE:可中断的阻塞状态。处于这种状态是因为进程在等待某种事件发生,如因等待信号量、信号或者 I/O 完成等未果而挂起。当事件发生时(如信号量、信号或者 I/O 完成中断信号等到来时),进程将会被唤醒转换到可运行的就绪状态。

(3) TASK_UNINTERRUPTIBLE:不可中断的阻塞状态。不可中断指的是进程不响应信号。该状态的进程不能被信号激活,只有被使用 wake_up() 函数明确唤醒时才能转换到可运行的就绪状态。

(4) TASK_STOP/TASK_TRACED:暂停状态。进程收到 SIGSTOP 信号,或使用 gdb 等调试工具暂停进程时,进程处于暂停状态,当收到 SIGCONT 信号后,进程转为运行状态。

(5) TASK_DEAD-EXIT_ZOMBIE:僵尸状态。当进程结束,但是其父进程没有回收其剩余 PCB 资源时,进程处于僵尸状态。

(6) TASK_DEAD-EXIT_DEAD:退出状态,进程即将被销毁。EXIT_DEAD 状态非常短暂,几乎不可能通过 ps 命令捕捉到。

Linux 中进程的状态转换过程如图 4-57 所示。

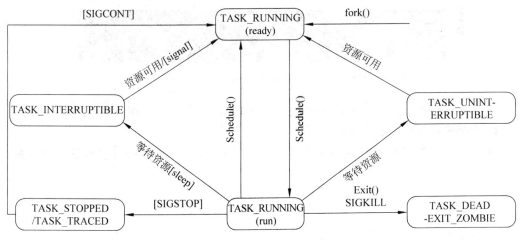

图 4-57 Linux 进程状态转换图

可以使用 ps 命令查看进程在系统中的状态。在 ps 命令的显示结果中,5 种字符分别代表 5 种不同的进程状态。

（1）R(TASK_RUNNING)：可执行的就绪状态或运行状态。

（2）S(TASK_INTERRUPTIBLE)：可中断的阻塞状态。进程阻塞期间可响应中断、接收信号（如 SIGKILL）。

（3）D(TASK_UNINTERRUPTIBLE)：不可中断的阻塞状态。进程阻塞期间不能被信号激活。

（4）T(TASK_STOPPED/TASK_TRACED)：暂停状态或跟踪状态。

（5）Z(TASK_DEAD-EXIT_ZOMBIE)：退出状态，进程成为僵尸进程。

注：在状态字符后面如果带 +（如 S +），表示进程是前台运行，否则是后台运行。

3．观察进程的运行状态

编写一个 C 语言程序 run_status.c，该程序中嵌套两级大循环，并使用 ps 命令观察进程状态。

```
int main()
{
    long i,j,k;
    for(i=0; i<1000000; i++)
    {
        for(j=0; j<1000000; j++){
            k++;
            k--;
        }
    }
    return 0;
}
```

使用 gcc -o run_status run_status.c 编译链接后，后台运行该程序，并使用 ps 观察该程序状态，结果如图 4-58 所示。

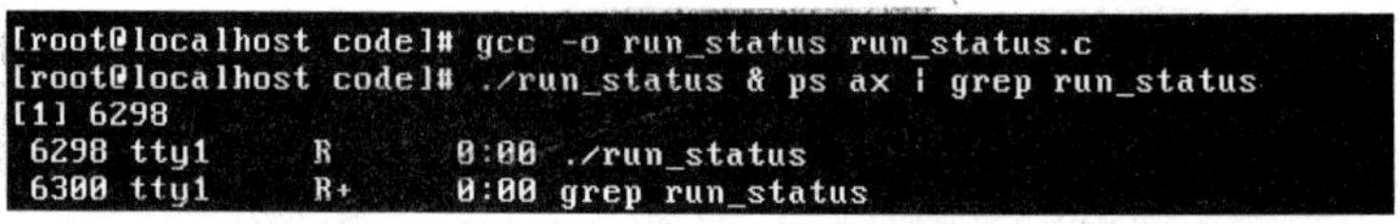

```
[root@localhost code]# gcc -o run_status run_status.c
[root@localhost code]# ./run_status & ps ax | grep run_status
[1] 6298
 6298 tty1      R        0:00 ./run_status
 6300 tty1      R+       0:00 grep run_status
```

图 4-58　用 ps 命令查看 Linux 进程的运行状态

可见，run_status 进程的 PID 为 6298，该进程的状态为 R(TASK_RUNNING)状态。

4．观察进程可中断的阻塞状态

编写一个 C 语言程序 interruptible_status.c，该程序调用 sleep 函数，使其进入睡眠状态。

```
int main()
{
    sleep(30);              //睡眠 30s
    return 0;
}
```

使用 gcc -o interruptible_status interruptible_status.c 编译链接后，后台运行该程序，

并使用 ps 观察该程序状态,结果如图 4-59 所示。

```
[root@localhost code]# ./interruptible_status& ps ax | grep interruptible_status
[1] 4216
4216 tty1    S    0:00 ./interruptible_status
4218 tty1    R+   0:00 grep interruptible_status
```

图 4-59　用 ps 命令查看 Linux 进程可中断的阻塞状态

可见,interruptible_status 进程的 PID 为 4216,该进程的状态为 S(TASK_INTERRUPTIBLE)状态。在该状态下,可以使用 kill -SIGKILL 4216 强行终止该进程。

5. 观察进程不可中断的阻塞状态

编写一个 C 语言程序 uninterruptible_status.c,该程序调用 vfork 函数创建一个子进程,子进程进入睡眠状态。

```
#include <unistd.h>
#include <stdlib.h>
int main()
{
    if(vfork()==0){          //创建子进程
        sleep(300);          //子进程睡眠 300s
        exit(0);
    }
    return 0;
}
```

说明:vfork 也是进程创建函数。和 fork 函数不一样的是:一是子进程创建后,父进程只能等到子进程调用 exit 或 exec 之后,才能被调度运行;二是该子进程和父进程共享进程空间。

使用 gcc -o uninterruptible_status uninterruptible_status.c 编译链接后,后台运行该程序,并使用 ps 观察该程序状态,结果如图 4-60 所示。

```
[root@localhost code]# gcc -o uninterruptible_status uninterruptible_status.c
[root@localhost code]# ./uninterruptible_status & ps ax | grep uninterruptible
[1] 4292
4292 tty1    D    0:00 ./uninterruptible_status
4294 tty1    S+   0:00 grep uninterruptible
4295 tty1    S    0:00 ./uninterruptible_status
[root@localhost code]# kill -9 4292
[root@localhost code]# ps ax | grep uninterruptible
4292 tty1    D    0:00 ./uninterruptible_status
4295 tty1    S    0:00 ./uninterruptible_status
4297 tty1    R+   0:00 grep uninterruptible
```

图 4-60　用 ps 命令查看 Linux 进程不可中断的阻塞状态

可见,uninterruptible_status 进程的 PID 为 4292,其创建的子进程的 PID 为 4295;主进程要等到子进程运行结束后才能被调度运行,此时主进程的状态为不可中断的阻塞状态,即 D(TASK_UNINTERRUPTIBLE)状态,而子进程处于可中断的睡眠阻塞状态,即 S(TASK_INTERRUPTIBLE)状态。

此时,使用 kill -SIGKILL 4292 终止不了主进程,见图 4-60。

6. 观察进程的退出(僵尸)状态

编写一个 C 语言程序 zombie_status.c,该程序创建一个子进程,然后进入睡眠状态,而子进程什么也不做,直接退出。

```
#include <stdio.h>
#include <unistd.h>
int main()
{
    if(fork()){                    //创建子进程
        sleep(30);                 //父进程进入睡眠状态
    }
    return 0;
}
```

使用 gcc -o zombie_status zombie_status. c 编译链接后,后台运行该程序,并使用 ps 观察该程序状态,结果如图 4-61 所示。

```
[root@localhost code]# gcc -o zombie_status zombie_status.c
[root@localhost code]# ./zombie_status & ps ax | grep zombie_status
[3] 6316
6316 tty1      S       0:00 ./zombie_status
6318 tty1      R+      0:00 grep zombie_status
6319 tty1      Z       0:00 [zombie_status] <defunct>
```

图 4-61　用 ps 命令查看 Linux 进程的退出(僵尸)状态

可见,zombie_status 进程的 PID 为 6316,而其创建的子进程的 PID 为 6319,zombie_status 在创建子进程后,进入睡眠状态,因此其状态为 S(TASK_INTERRUPTIBLE)状态,而其创建的子进程任务完成以后,进入退出状态,等待其父进程回收其 PCB 资源,因此其处于 Z(TASK_DEAD/EXIT_ZOMBIE)状态。

7. 观察进程的暂停状态

当 run_status 进程运行时,向其发送 SIGSTOP 信号,使 run_status 进程处于暂停状态,然后向其发送 SIGCONT 信号,使其恢复到运行状态。

(1) 后台运行 run_status,并使用 ps 命令观察其状态,结果如图 4-62 所示。

```
[root@localhost code]# ./run_status &
[1] 6350
[root@localhost code]# ps ax | grep run_status
6350 tty1      R       0:07 ./run_status
6352 tty1      R+      0:00 grep run_status
```

图 4-62　用 ps 命令查看 run_status 进程的运行状态

可见,run_status 进程 PID 为 6350,处于 R(TASK_RUNNING)状态。

(2) 使用 kill 命令,向其发送 SIGSTOP 信号,并使用 ps 命令观察其状态,结果如图 4-63 所示。

```
[root@localhost code]# kill -SIGSTOP 6350

[1]+  Stopped                  ./run_status
[root@localhost code]# ps ax | grep run_status
6350 tty1      T       0:24 ./run_status
6356 tty1      S+      0:00 grep run_status
```

图 4-63　用 ps 命令查看 run_status 进程的暂停状态

可见,run_status 进程被暂停,处于 T(TASK_STOPPED/ TASK_TRACED)状态。

（3）使用 kill 命令，向其发送 SIGCONT 信号，并使用 ps 命令观察其状态，结果如图 4-64 所示。

```
[root@localhost code]# kill -SIGCONT 6350
[root@localhost code]# ps ax | grep run_status
 6350 tty1      R      0:26 ./run_status
 6358 tty1      S+     0:00 grep run_status
```

图 4-64　用 ps 命令查看 run_status 进程从暂停状态恢复到运行状态

可见，刚才暂停的 run_status 进程接到 SIGCONT 信号后，重新恢复运行，处于 R（TASK_RUNNING）状态。

4.3.3　在 Linux 中使用信号量实现进程互斥与同步

1. 实验说明

本实验介绍在 Linux 中使用信号量进行进程同步、互斥的方法。读者可通过实验进一步理解进程间同步与互斥、临界区与临界资源的概念与含义，并学会 Linux 信号量的基本使用方法。

2. Linux 信号量简介

1）Linux 信号量分类

Linux 中信号量分为两种：内核态信号量及用户态信号量。内核态信号量用于内核中进程同步控制，而用户态信号量用于用户态进程之间的同步控制。

Linux 用户态信号量支持 POSIX（Portable Operating System Interface，可移植操作系统接口）信号量及 System V 信号量两种接口。

POSIX 信号量又分为有名信号量和无名信号量。

（1）POSIX 有名信号量：其值保存在文件中（信号量创建后，在/dev/shm 目录下会建立一个信号量文件），既可以用于进程间同步，也可以用于线程间同步。

（2）POSIX 无名信号量：其值保存在内存中，主要用于线程间同步，也可用于父子进程间（由 fork 产生）同步。

本实验演示如何使用 POSIX 有名信号量进行用户态进程间的同步与互斥，下面对 POSIX 有名信号量进行简要介绍，其余信号量接口请读者参考相关资料。

2）POSIX 有名信号量接口

（1）sem_open：创建并初始化一个有名信号量，如该信号量已经存在，则打开它。

① 函数原型：sem_t * sem_open(const char * name, int oflag, mode_t mode, int value);

② 头文件：

```
#include <semaphore.h>
```

③ 参数：

name：信号量名，信号量如创建成功，在/dev/shm 下会创建一个文件。如信号量名为如"mysem"，则该文件名为"sem.mysem"。

oflag：创建标志，有 O_CREATE 和 O_CREATE|O_EXCL 两个取值，前者表示信号量

如存在,则打开,否则创建它;后者表示如信号量存在,则返回错误。

mode:信号量访问权限,如 0666 代表所有人可读写。

value:信号量初值。

④ 返回值:成功则返回信号量指针,出错则返回 SEM_FAILED。

(2) sem_wait:测试指定信号量的值,相当于 P 操作。若信号量值大于 0,则减 1 立刻返回,如信号量值等于 0,则阻塞直到信号量值大于 0,此刻立即减 1,然后返回。

① 函数原型:int sem_wait(sem_t ＊ sem);

② 头文件:

```
# include <semaphore.h>
```

③ 参数:

sem:要测试的信号量指针。

④ 返回值:成功则返回 0,出错返回-1。

注:sem_trywait 函数是 sem_wait 的非阻塞版,当信号量值>0 时,将信号量值减 1,然后返回 0,当信号量值小于等于 0 时,返回-1。

(3) sem_post:信号量值加 1,相当于 V 操作。唤醒正在等待该信号量的某个进程或线程。

① 函数原型:int sem_post(sem_t ＊ sem);

② 头文件:

```
# include <semaphore.h>
```

③ 参数:

sem:要访问的信号量指针。

④ 返回值:成功则返回 0,出错返回-1。

(4) sem_close:关闭有名信号量。使用完信号量后,应使用该函数关闭有名信号量。

① 函数原型:int sem_close(sem_t ＊ sem);

② 头文件:

```
# include <semaphore.h>
```

③ 参数:

sem:要访问的信号量指针。

④ 返回值:成功则返回 0,出错返回-1。

(5) sem_unlink:删除有名信号量。每个信号量文件都有一个引用计数器记录当前的打开次数,sem_unlink 必须等待这个数为 0 时才能把 name 所指的信号量从文件系统中删除。如果有任何进程或线程引用该信号量,sem_unlink 函数不会起到任何作用,即只有最后一个使用该信号量的进程来执行 sem_unlink 才有效。

① 函数原型:int sem_unlink(const char ＊ name);

② 头文件:

```
# include <semaphore.h>
```

③ 参数：

name：信号量的外部名字。

④ 返回值：成功则返回 0,出错返回−1。

3. 使用 POSIX 有名信号量实现进程互斥

1) 实验描述

编写一个 C 语言程序,进行 10 次循环,每个循环中,屏幕输出两次给定的字符。在使用互斥和不使用互斥的两种情况下,观察多个进程运行时的输出情况。通过实验结果理解进程互斥的概念。

2) 不使用互斥

（1）示例代码 no_mutex. c

```c
#include <stdio.h>
#include <stdlib.h>
int main(int argc, char * argv[])
{
    char message='A';                      //默认输出字符是 A
    int i=0;
    if(argc>1){
        message=argv[1][0];
    }
    //每次循环中,屏幕输出给定字符两次
    //为更好地观察运行效果,在两次输出之间随机休眠 0~2s
    for(i=0; i<10; i++){
        printf("%c", message);
        fflush(stdout);
        sleep(rand()%3);
        printf("%c", message);
        fflush(stdout);
        sleep(rand()%2);
    }
    sleep(10);
    exit(0);
}
```

（2）运行结果及分析

使用 gcc -o no_mutex no_mutex. c 编译链接后生成目标代码,在代码目录下使用. /no_mutex & . /no_mutex B 运行(注：两个进程同时运行,其中前者后台运行,使用默认字符 A；后者前台运行,使用给定字符 B),结果如图 4-65 所示。

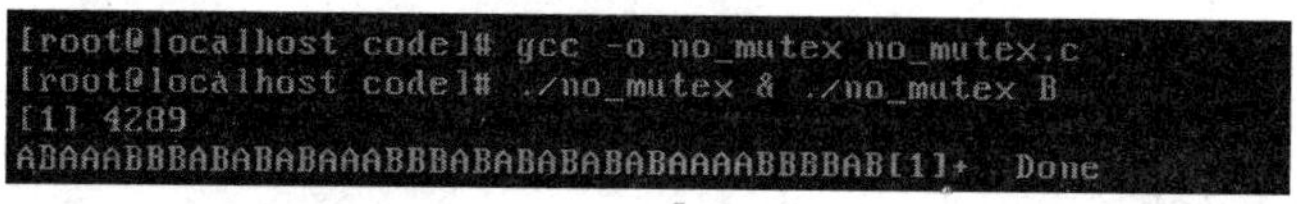

```
[root@localhost code]# gcc -o no_mutex no_mutex.c
[root@localhost code]# ./no_mutex & ./no_mutex B
[1] 4289
ABAAABBBABABABAAABBBBABABABABABABAAAABBBBBAB[1]+  Done
```

图 4-65　没有实现互斥的示例进程 no_mutex 的运行结果

虽然代码中在一次循环中打印两次字符,但上图显示结果中,A 并不完全成对出现,B 也并不完全成对出现。

原因在于两个进程并发运行时,都向屏幕输出字符,此时屏幕为两个进程的临界资源,二者竞争屏幕,因此出现了以上情况。

3) 使用互斥

(1) 示例代码 with_sem.c

该示例代码中设置了一个信号量 mutex,初值为 1,表示当前无人使用临界区。信号量使用完毕后,需要关闭,之后删除。

```c
#include <stdio.h>
#include <stdlib.h>
#include <sys/types.h>
#include <sys/ipc.h>
#include <semaphore.h>
#include <fcntl.h>
#include <sys/stat.h>
int main(int argc, char * argv[])
{
    char message='A';
    int i=0;
    if(argc>1){
        message=argv[1][0];
    }
                                            //创建信号量 mutex,初值为 1
    sem_t * mutex=sem_open("mysem", O_CREAT, 0666, 1);
    for(i=0; i<10; i++){
        sem_wait(mutex);                    //测试信号量值,相当于 P 操作
        printf("%c", message);
        fflush(stdout);
        sleep(rand()%3);
        printf("%c", message);
        fflush(stdout);
        sem_post(mutex);                    //信号量值加 1,相当于 V 操作
        sleep(rand()%2);
    }
    sleep(10);
    sem_close(mutex);                       //关闭信号量
    sem_unlink("mysem");                    //删除信号量
    exit(0);
}
```

(2) 运行结果及分析

使用 gcc -o with_mutex with_mutex.c -lrt 编译链接后生成目标代码(需链接 librt.so 库),在代码目录下使用 ./with_mutex & ./with_mutex B 运行(注:两个进程同时运行,其

中前者后台运行,使用默认字符 A;后者前台运行,使用给定字符 B),运行结果如图 4-66所示。

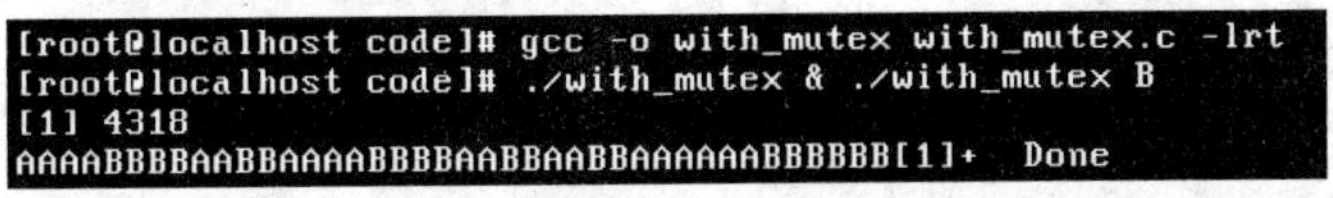

图 4-66　实现互斥的示例进程 with_mutex 的前后台运行结果

可见,所有的 A 或 B 均成对出现。

原因在于:虽然两个进程仍然是并发运行,但由于使用了互斥信号量来保护临界区(一次循环中的代码),使得一个进程在单次循环中进行屏幕输出时,另一个进程只能等待。

4. 使用 POSIX 有名信号量实现进程同步

1) 实验描述

编写两个 C 语言程序 black_chess.c 以及 red_chess.c,分别模拟下象棋过程中红方走子和黑方走子过程。走子规则:红先黑后,红、黑双方轮流走子,到第 10 步,红方胜,黑方输。

2) 解题思路

设置以下两个同步信号量。

(1) hei:初值为 1,代表黑方已经走子,轮到红方走子(满足棋规"红先黑后")。

(2) hong:初值为 0,代表红方尚未走子。

红棋走子之前,先测试信号量 hei,判断黑方是否已经走子,如是,则轮到红方走子,否则阻塞等待黑方走子,由于 hei 的初值为 1,因此一定是红方先走。红方走子完毕后,置信号量 hong,通知黑方走子。

黑方走子之前,先测试信号量 hong,判断红方是否已经走子,如是,则轮到黑方走子,否则阻塞等待红方走子,由于 hong 初值为 0,因此在红方没有走子之前,黑方不会走子。黑方走子完毕后,置信号量 hei,通知红方走子。

3) 红方进程代码示例:red_chess.c

```c
#include <stdio.h>
#include <stdlib.h>
#include <sys/types.h>
#include <sys/ipc.h>
#include <semaphore.h>
#include <fcntl.h>
#include <sys/stat.h>
int main(int argc, char * argv[])
{
    int i=0;
                                                    //设信号量 hei,初值为 1
    sem_t * hei=sem_open("chess_black_sem", O_CREAT, 0666, 1);
    sem_t * hong=sem_open("chess_red_sem", O_CREAT, 0666,0); //设信号量 hong,初值为 0
    for(i=0; i<10; i++){
        sem_wait(hei);                //测试黑方是否已经走子,hei 初始值为 1,即红先走子
```

```c
        if(i !=9){
            printf("Red chess had moved, black chess go!\n      ");
        }
        else{
            printf("Red chess win!!!\n     ");
        }
        fflush(stdout);
        sem_post(hong);                          //红方已经走子,通知黑方走子
    }
    sleep(10);
    sem_close(hei);                              //关闭信号量 hei
    sem_close(hong);                             //关闭信号量 hong
    sem_unlink("chess_red_sem");                 //删除信号量 hong
    sem_unlink("chess_black_sem");               //删除信号量 hei
    exit(0);
}
```

4) 黑方进程代码示例：black_chess.c

```c
#include <stdio.h>
#include <stdlib.h>
#include <sys/types.h>
#include <sys/ipc.h>
#include <semaphore.h>
#include <fcntl.h>
#include <sys/stat.h>
int main(int argc, char * argv[])
{
    int i=0;                                        //设信号量 hei,初值为 1
    sem_t * hei=sem_open("chess_black_sem", O_CREAT, 0666, 1);
    sem_t * hong=sem_open("chess_red_sem", O_CREAT, 0666,0); //设信号量 hong,初值为 0
    for(i=0; i<10; i++){
        sem_wait(hong);            //测试红方是否已经走子
        if(i !=9){
            printf("Black chess had moved, red chess go!\n");
        }
        else{
            printf("Black chess lost!!!\n");
        }
        fflush(stdout);
        sem_post(hei);             //黑方已走子,通知红方走子
    }
    sleep(10);
    sem_close(hei);
    sem_close(hong);
    sem_unlink("chess_red_sem");
    sem_unlink("chess_black_sem");
```

```
        exit(0);
    }
```

5）编译及运行结果

（1）编译链接

编译链接 red_chess.c：gcc -o red_chess red_chess.c -lrt

编译链接 black_chess.c：gcc -o black_chess black_chess.c -lrt

（2）运行

正确编译链接后，执行命令：./red_chess & ./black_chess，运行结果如图 4-67 所示。

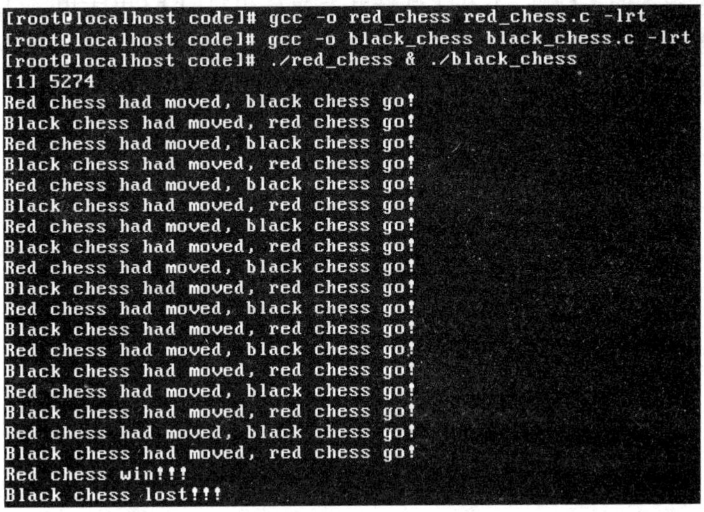

图 4-67　用信号量实现同步的红黑方对弈示例进程的前后台并发执行结果

可见，红黑方示例进程在信号量的控制之下，成功模拟了红先黑后，红黑双方轮流走子的下象棋过程。

5. 易出现问题及解决方法

在使用信号量的过程中，容易出现以下两个问题。

（1）对信号量的 P、V 操作没有成对出现，导致进程死锁现象发生。

（2）一旦进程代码不正确，运行之后发现错误，而正确修改代码后，运行仍然出现问题。

问题一的解法为：对于互斥约束的实现，P、V 操作需在同一个进程内同时出现；而对于同步约束的实现，P、V 操作也需成对出现，但必须分别出现在有合作关系的两个不同的进程内。

问题二出现的原因在于第一次不正确运行之后，没有及时删除所创建的信号量，导致在/dev/shm 目录下仍存在信号量文件，且信号量值不定。因此，再次运行之前，只要删除/dev/shm 下对应的信号量文件，即可解决该问题。

4.3.4　在 Linux 中实现进程间高级通信

1. 实验说明

本实验介绍在 Linux 中实现进程间高级通信。读者可通过经典的 IPC 问题——生产者/消费者问题示例，掌握通过共享内存方式实现进程间高级通信的基本方法，同时进一步加深对于使用 Linux 信号量实现进程同步的理解。

2. Linux 进程通信机制

1）Linux 支持的通信机制

Linux 下的进程通信机制基本上是从 UNIX 的进程通信继承发展而来的。而对 UNIX 发展做出重大贡献的 AT&T 的贝尔实验室及 BSD（加州伯克利分校软件发布中心）在进程间通信方面侧重点有所不同。前者对 UNIX 早期的进程间通信机制进行了改进和扩充，形成了"System V IPC"，进程间通信局限在单台计算机内；后者则跳过了该限制，形成了基于套接口（Socket）的进程间通信机制。

由于 UNIX 版本的多样性，不利于软件开发与移植；IEEE（电子电气工程协会）开发了一个独立的标准，被称为 POSIX（可移植性操作系统界面接口），Linux 从一开始就遵循 POSIX 标准。

Linux 所支持的进程间通信方式如图 4-68 所示。

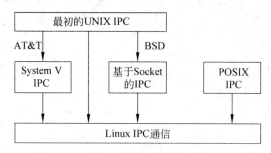

图 4-68　Linux 支持的进程间通信方式

最初的 UNIX IPC 包括：管道、FIFO（有名管道）、信号三种进程间通信方式。

System V IPC 包括：System V 消息队列、System V 信号灯、System V 共享内存。

POSIX IPC 包括：POSIX 消息队列、POSIX 信号灯、POSIX 共享内存。

2）Linux 常用通信机制简介

（1）管道（pipe 文件）及有名管道（FIFO 文件）

管道是指用于连接一个写进程和一个读进程以实现它们之间通信的一个共享文件。管道是半双工的（数据只能向一个方向流动），进程如果要双向通信时，则需要建立起两个管道。

管道是一种特殊的临时文件，它不属于某一种文件系统，而是一种独立的文件系统，有其自己的数据结构。管道是基于文件描述符的通信方式，当一个管道建立时，会产生两个文件描述符 fd[0] 和 fd[1]，其中 fd[0] 固定用于读管道，而 fd[1] 固定用于写管道。这样就构成了一个半双工的通道。一个管道实际上就是个只存在于内存中的文件，对这个文件的操作要通过两个已经打开的分别代表管道的两端文件描述符进行。

有名管道主要是为了解决无名管道只能用于近亲进程之间通信的缺陷而设计的，它是双工的。有名管道是建立在实际的磁盘介质或文件系统（而不是只存在于内存中）上有自己名字的文件，任何进程可以在任何时间通过文件路径名与该文件建立联系。为了实现有名管道，系统引入了一种新的文件类型——FIFO 文件（遵循先进先出的原则）。有名管道一旦建立，之后它的读、写以及关闭操作都与普通文件相似。当然，FIFO 文件的数据还是存在于内存缓冲页面中，这一点和普通管道相同，尽管 FIFO 文件的 inode 节点在磁盘上，但那仅是一个节点而已。

（2）信号

信号（signal）是 UNIX/Linux 系统在一定条件下生成的事件。信号是进程间通信机制中唯一的一种异步通信机制，进程不需要执行任何操作来等待信号的到达。信号异步通知接收信号的进程发生了某个事件，然后操作系统将会中断接收信号的进程的执行，转而去执行相应的信号处理程序。

UNIX/Linux 中的信号也常被称为软中断信号，在软件层次上是对中断机制的一种模拟，在原理上，一个进程收到一个信号与处理器收到一个中断请求可以说是一样的。进程之间可以互相通过系统调用 kill 发送软中断信号。内核也可以因为内部事件而给进程发送信号，通知进程发生了某个事件。信号机制除了基本通知功能外，还可以传递附加信息。收到信号的进程对各种信号有三类不同的处理方法：按照进程指定的处理函数处理、忽略信号不做任何处理、按照系统的默认值处理。进程可通过系统调用 signal 来指定对某个信号的处理行为。

注意：核心态的硬中断是外部设备对 CPU 的中断，核心态的软中断通常是硬中断服务程序对内核的中断，而信号则是由内核（或其他进程）对某个进程的中断，可视为用户态的"软中断"。

（3）信号量

1965 年，荷兰学者 Dijkstra 提出的信号量（Semaphore）机制是一种卓有成效的进程同步工具。在长期且广泛的应用中，信号量机制又得到了很大的发展，它从整型信号量经记录型信号量，进而发展为信号量集机制。现在，信号量机制已经被广泛地应用于单处理机和多处理机系统以及计算机网络中。

记录型信号量的主要成员分量有两个，一个是相当于整型信号量的整型分量，但它只接受专有的 P、V 操作来改变自身的值，另一个是个等待队列指针，它的引入使得记录型信号量使用时避免了 CPU 忙等现象。

Linux 支持的信号量包括 System V 信号量和 POSIX 信号量。POSIX 有名信号量接口等内容详见 4.3.3 节。

信号量主要用于进程间的互斥与同步。信号量与信号只能在进程间交换少量的信息，属于进程间低级通信机制，而其他通信机制均属于进程间高级通信机制。

（4）消息队列

消息队列（message queue，也叫作报文队列）在操作系统中被组织为消息的链表，包括 POSIX 消息队列和 System V 消息队列。有足够权限的进程可以向队列中添加消息，被赋予读权限的进程可以读取队列中的消息。每个消息队列都有一个队列头，用结构 struct msg_queue 来描述。队列头中包含该消息队列的大量信息，包括消息队列键值、用户 ID、组 ID、消息队列中消息数目等，甚至记录了最近对消息队列读写的进程 ID。

消息队列克服了信号承载信息量少，管道只能承载无格式字节流以及缓冲区大小受限等缺点。早期 UNIX 的信号和管道均属于随进程持续（process-persistent）的进程间通信机制；而系统 V 的消息队列是随内核持续（kernel-persistent）的，只有在内核重启或者显式地删除一个消息队列时，该消息队列才会真正被删除。

消息队列实际上属于消息传递系统中的直接通信方式，主要适于本地进程间通信。而信箱(mail box)则属于消息传递系统中的间接通信方式,可用于异地进程间通信,采用这种方式通信时,发送者进程不直接把消息发送到接收者,而是发送到暂存消息的共享数据结构组成的队列实体即信箱,接收者进程从信箱中取消息。

(5) 共享内存

为了在多个进程间交换信息,内核专门留出了一块内存区域,由需要相互通信的进程将其映射到自己的进程地址空间,然后对其进行读写,从而实现进程之间的通信。共享内存是最快的一种进程通信方式,但共享内存并不提供共享资源的同步与互斥,需要使用者结合其他通信机制,如信号量机制,以达到进程之间的同步及互斥。共享内存也包括 POSIX 共享内存和 System V 共享内存。

(6) 套接口

也称为套接字(Socket),是更为一般的进程间通信机制,可用于不同机器之间的进程间的通信。套接字起初是由 UNIX 系统的 BSD 分支开发出来的,现在并不为 UNIX/Linux 所专有。所有提供了 TCP/IP 协议栈的操作系统中几乎都提供了套接字,而所有这样的操作系统,对套接字的编程方法几乎是一样的。

本实验示例代码采用 System V 共享内存接口来实现生产者和消费者之间的高级通信,因此下面简要介绍一下 System V 共享内存接口,其余的进程间高级通信机制的接口请读者参考相关资料。

3. System V 共享内存接口

(1) shmget:创建一个新的共享内存区域(以 key 来标识),如该共享内存已经存在,则打开之。

① 函数原型:int shmget(key_t key, size_t size, int shmflg);

② 头文件:

```
#include < sys/ipc.h>
#include <sys/shm.h>
```

③ 参数:

key:共享内存键值,系统通过键值来识别共享内存对象。当 key 为 0/IPC_PRIVATE 时,将创建一个新的共享内存,key 为 0 常用于线程或具有亲缘关系进程之间的通信;key 大于 0 主要用于不同进程间通信。实际使用时,常使用 ftok 函数来产生独一无二的 key 值。

size:申请共享内存的大小,以字节为单位。操作系统实际分配时,以页为单位进行分配,即使只申请一块只有一个字节的内存,操作系统也会分配一整页(i386 机器中一页的默认大小为 4KB)。

shmflg:一些标志,主要有 IPC_CREATE 和 IPC_EXCL。如为 IPC_CREATE,当共享内存存在时,返回该共享内存的 ID,如不存在,则创建之。结合 IPC_EXCL 使用时,如遇共享内存已存在,则返回-1。

④ 返回值:成功则返回共享内存 ID,出错则返回-1。

(2) shmat:将共享内存区域映射到进程私有地址空间,返回进程空间内存区域地址,对该地址的读写,即为对共享内存的读写。

① 函数原型:void * shmat(int shmid, const void * shmaddr, int shmflg);

② 头文件：

```
#include <sys/ipc.h>
#include <sys/shm.h>
```

③ 参数：

shmid：shmget 返回的共享内存的 ID。

shmaddr：指定共享内存出现在进程地址空间的位置，一般直接指定为 NULL，让内核决定一个合适的地址位置。

shmflg：一些标志。如为 SHM_RDONLY，共享内存为只读模式，其他都为读写模式。

④ 返回值：成功则返回该共享内存在进程地址空间的地址，失败返回-1。

（3）shmdt：取消对共享内存的映射。该系统调用并不删除共享内存，只是将映射到进程地址空间的指针与共享内存相脱离。

① 函数原型：void * shmdt(const void * shmaddr);

② 头文件：

```
#include <sys/ipc.h>
#include <sys/shm.h>
```

③ 参数：

shmaddr：共享内存映射到进程地址空间的首地址。

④ 返回值：成功返回 0，失败返回-1。

（4）shmctl：共享内存管理。如得到或修改共享内存状态，删除共享内存等操作。

① 函数原型：void * shmctl(int shmid, int cmd, struct shmid_ds * buf);

② 头文件：

```
#include <sys/ipc.h>
#include <sys/shm.h>
```

③ 参数：

shmid：共享内存 ID。

cmd：控制命令。有三种命令：a. IPC_STAT，将共享内存状态复制到 buf 所指向的 shmid_ds 结构中；b. IPC_SET，改变共享内存状态，把 buf 所指的 shmid_ds 结构中的 uid、gid、mode 复制到共享内存的 shmid_ds 结构内。c. IPC_RMID，删除共享内存，仅最后一个使用该共享内存的进程执行该命令才会真正删除共享内存。

buf：指向共享内存管理数据结构 shmid_ds 的指针。关于 shmid_ds 数据结构，请读者参考其他相关资料。

④ 返回值：成功返回 0，失败返回-1。

4. 使用共享内存解决生产者-消费者问题

1）问题描述再简化

根据 3.3.4 节中问题描述，生产者进程和消费者进程都是死循环进程，本实现示例再做简化，假设每个生产者进程生产 10 个产品并放入空缓冲区，每个消费者进程读取 10 次满缓冲区中内容，最后观察两个生产者进程和两个消费者进程并发执行情况。

2）解题思路

该问题首先是一个进程通信问题,可以使用共享内存来模拟环形缓冲池,生产者进程和消费者进程通过共享内存来进行通信。当然,也可以使用其他进程通信方式。

其次,该问题也是一个进程同步问题,只有生产者生产出来一个产品,消费者才能读出该产品;另外,当所有缓冲区已满时,生产者进程必须等待消费者进程至少读出一个缓冲区后,才能生产产品。

同时,生产者进程-消费者进程之间还存在互斥关系。缓冲池是临界资源,所有进程对该缓冲池的存取操作必须互斥进行。

因此,可以设置三个信号量来实现生产者与消费者进程之间的同步与互斥。

（1）full：满缓冲区资源信号量,表示已生成的产品的数量（亦即装有产品的缓冲区数量）,初值为0。消费者进程要读取数据时,首先应获取一个满缓冲区。

（2）empty：空缓冲区资源信号量,表示当前没有装产品的缓冲区数量,初值为10。生产者进程写入数据时,首先应获取一个空缓冲区。

（3）mutex：互斥信号量,初值为1。

生产者进程和消费者进程循环体内同步实现的基本算法流程可简单描述如下。

```
生产者进程:
P(empty)
P(mutex)
生产产品
V(mutex)
V(full)
```

```
消费者进程:
P(full)
P(mutex)
取走产品
V(mutex)
V(empty)
```

3）环形缓冲池数据结构定义 public.h

定义一个数据结构来模拟环形缓冲池,由于生产者进程和消费者进程均使用该数据结构,因此将该数据结构定义在一个单独的头文件 public.h 中,具体如下。

```
typedef struct{
    int read;        //读指针,消费者进程每次从 read 所指向的满缓冲区读取数据
    int write;       //写指针,生产者进程每次在 write 所指向的空缓冲区写入数据
    char buf[10];    //10 个缓冲区
}shared_struct;
```

4）生产者进程 producer.c

```
#include <stdio.h>
#include <stdlib.h>
#include <sys/types.h>
#include <sys/ipc.h>
#include <semaphore.h>
#include <fcntl.h>
#include <sys/stat.h>
#include <sys/shm.h>
#include "public.h"
int main(int argc, char * argv[])
```

```
{
    int i=0;
    int shmid;
    shared_struct * pbuf=0;
    int length=0;
    sem_t * full, * empty, * mutex;
    //创建并初始化 full、empty、mutex 三个信号量
    full=sem_open("full_sem", O_CREAT, 0666, 0);
    empty=sem_open("empty_sem", O_CREAT, 0666, 10);
    mutex=sem_open("buf_mutex", O_CREAT, 0666, 1);
    length=sizeof(shared_struct);
    //创建共享内存,这里直接使用 1234 作为共享内存的键值
    //一般应使用 ftok 来创建独一无二的键值
    shmid=shmget((key_t)1234, length, 0666|IPC_CREAT);
    //将共享内存映射到进程私有地址空间
    pbuf=(shared_struct * )shmat(shmid, 0, 0);
    //每个生产者进程生产 10 个产品并放入缓冲区
    for(i=0; i<10; i++){
        sleep(rand() %3);
        sem_wait(empty);                  //等待一个空缓冲区
        sem_wait(mutex);                  //等待互斥信号量,以进入临界区
        //在 write 指针对应的缓冲区中写入字符
        pbuf->buf[pbuf->write]='a'+pbuf->write;
        printf("Producer-%d: write %c\n", getpid(),pbuf->buf[pbuf->write]);
        fflush(stdout);
        //更新 write 指针的值
        pbuf->write= (++pbuf->write) %10;
        sem_post(mutex);                  //释放临界区
        sem_post(full);                   //满缓冲区资源数量加 1
    }
    shmdt((void * )pbuf);                 //取消对共享内存的映射
    sleep(10);
    shmctl(shmid, IPC_RMID, 0);           //删除共享内存
    //关闭三个信号量
    sem_close(full);
    sem_close(empty);
    sem_close(mutex);
    //删除三个信号量
    sem_unlink("full_sem");
    sem_unlink("empty_sem");
    sem_unlink("buf_mutex");
    exit(0);
}
```

5) 消费者进程 customer.c

```
#include <stdio.h>
#include <stdlib.h>
```

```c
#include <sys/types.h>
#include <sys/ipc.h>
#include <semaphore.h>
#include <fcntl.h>
#include <sys/stat.h>
#include <sys/shm.h>
#include "public.h"
int main(int argc, char * argv[])
{
    int i=0;
    int shmid;
    shared_struct * pbuf=0;
    int length=0;
    sem_t * full, * empty, * mutex;
    //创建并初始化 full、empty、mutex 三个信号量
    full=sem_open("full_sem", O_CREAT, 0666, 0);
    empty=sem_open("empty_sem", O_CREAT, 0666, 10);
    mutex=sem_open("buf_mutex", O_CREAT, 0666, 1);
    length=sizeof(shared_struct);
    //创建共享内存,这里直接使用 1234 作为共享内存的键值
    //一般应使用 ftok 来创建独一无二的键值
    shmid=shmget((key_t)1234, length, 0666|IPC_CREAT);
    //将共享内存映射到进程私有地址空间
    pbuf=(shared_struct * )shmat(shmid, 0, 0);
    //每个消费者进程读 10 次满缓冲区中内容
    for(i=0; i<10; i++){
        sleep(rand() %3);
        sem_wait(full);            //等待一个满缓冲区
        sem_wait(mutex);           //等待互斥信号量,以进入临界区
        //读取 read 指针所指向的满缓冲区中内容
        printf("Customer-%d: read %c\n", getpid(), pbuf->buf[pbuf->read]);
        fflush(stdout);
        //将该缓冲区内容置为 X
        pbuf->buf[pbuf->read]='X';
        //更新 read 指针
        pbuf->read=(++pbuf->read) %10;
        sem_post(mutex);           //释放临界区
        sem_post(empty);           //空缓冲区资源数量加 1
    }
    shmdt((void * )pbuf);          //取消对共享内存的映射
    sleep(10);
    shmctl(shmid, IPC_RMID, 0);    //删除共享内存
    //关闭三个信号量
    sem_close(full);
    sem_close(empty);
    sem_close(mutex);
    //删除三个信号量
```

```
        sem_unlink("full_sem");
        sem_unlink("empty_sem");
        sem_unlink("buf_mutex");
        exit(0);
    }
```

6）编译及运行结果

（1）编译链接

producer.c 编译链接：gcc -o producer producer.c -lrt

customer.c 编译链接：gcc -o customer customer.c -lrt

（2）运行

正确编译链接后，执行命令：./producer & ./producer & ./customer & ./customer（这里模拟的是两个生产者，两个消费者），运行结果如图 4-69 所示。

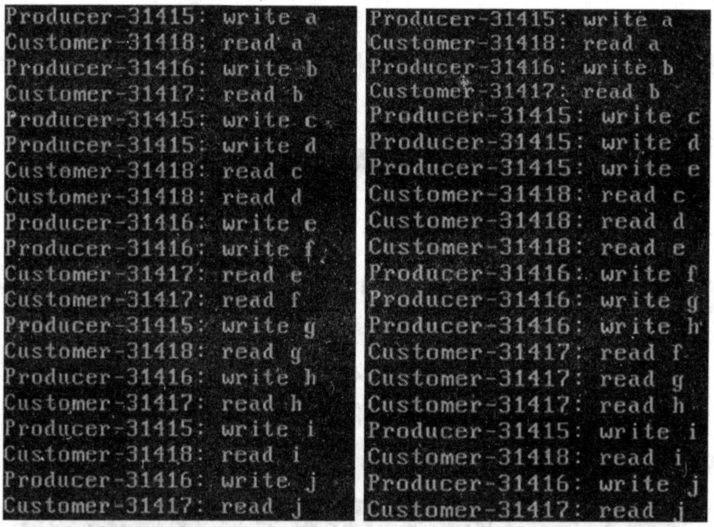

图 4-69　用共享内存进行通信的两个生产者进程与两个消费者进程前后台同步并发执行结果

可见，两个生产者进程和两个消费者进程可通过共享内存区进行通信，同时，它们在信号量的控制下，有序地读写（即同步访问）共享缓冲区。

4.3.5　在 Linux 中共享文件

1. 实验说明

本实验学习 Linux 中共享文件的方法，理解基于索引节点的共享（硬链接）以及基于符号链接的共享（软链接）的区别。

2. Linux 中共享文件的方法

Linux 中共享文件的方法有以下三种。

（1）基于路径名的共享方式。这是常用的文件共享方式。系统允许用户按照路径名直接访问其他用户的文件，系统主要进行访问者的存取权限检查。文件路径名可以是绝对路径，也可以是相对路径。

（2）基于索引节点的共享方式，也称为硬链接。硬链接文件和被共享的文件共享一个索引节点,但具有不同的目录项。因此,硬链接不允许跨文件系统进行,同时,系统设置了索引节点链接计数,来统计链接到该索引节点的文件数目,只有当链接计数值为 0 时,该索引节点才能被删除。

(3) 基于符号链接的共享方式,也称为软链接。软链接文件和被共享的文件均拥有单独的目录项和索引节点。但软链接文件的内容保存的是被共享文件的路径名。当文件系统读写软链接文件时,将读取软链接文件内容,并自动转去对被共享文件进行存取。因此,软链接可以跨文件系统进行。

3. 硬链接及软链接

本实验对/bin/ls 文件使用 ln 命令分别建立硬链接和软链接文件,并通过查看文件的 inode 号、链接计数以及软链接文件的原始内容,来理解硬链接和软链接的原理和区别。关于 ln 命令的详细使用方法,请读者自行参考相关资料。

1) 准备工作

我们选定的被共享文件是/bin/ls,在为之建立硬链接共享文件及软连接共享文件之前,先使用 ls -il 命令查看/bin/ls 文件的属性,记下它的索引节点号和链接计数值,如图 4-70 所示。

图 4-70 用 ls -il 命令查看/bin/ls 文件的索引节点号和链接计数等属性

可见,/bin/ls 文件的索引节点号为 1081417,链接计数为 1。

2) 建立硬链接文件

使用 ln/bin/ls hard_ls 命令,为/bin/ls 文件在当前目录下建立一个名为 hard_ls 的硬链接文件,接着使用 ls -il 命令观察硬链接文件 hard_ls 的属性,同时也查看/bin/ls 文件属性,如图 4-71 所示。

图 4-71 用 ls -il 命令查看原文件/bin/ls 及其硬链接文件的索引节点号和链接计数等属性

可见,新建立的硬链接文件 hard_ls 和原文件/bin/ls 的索引节点号是相同的,并且这两个文件的链接计数都是 2,表示有两个文件在使用同一个索引节点。这说明硬链接文件和被共享的原文件共享的是同一个索引节点,同时,系统为了便于文件的删除操作,在索引节点中,建立了一个链接计数,记录使用该索引节点的文件数目。

为进一步理解链接计数的作用,接下来删除 hard_ls 文件,然后再查看/bin/ls 文件信息,如图 4-72 所示。

图 4-72 用 ls -il 命令查看删除硬链接文件后的原文件/bin/ls 的索引节点号和链接计数等属性

可见,硬链接文件 hard_ls 被删除后,原文件/bin/ls 的链接计数又变成了 1。

3）建立软链接文件

使用 ln -s /bin/ls soft_ls 命令（注意和建立硬链接文件命令的区别，加了一个-s 参数），为/bin/ls 文件在当前目录下建立一个名为 soft_ls 的软链接文件，接着使用 ls -il 命令观察软链接文件 soft_ls 的属性，同时也查看/bin/ls 文件属性，如图 4-73 所示。

```
[root@localhost ~]# ln -s /bin/ls soft_ls
[root@localhost ~]# ls -il soft_ls
786886 lrwxrwxrwx 1 root root 7 Dec 14 12:59 soft_ls -> /bin/ls
[root@localhost ~]# ls -il /bin/ls
1081417 -rwxrwxrwx 1 root root 95116 Sep  4  2009 /bin/ls
```

图 4-73　用 ls -il 命令查看原文件/bin/ls 及其软链接文件的索引节点号和链接计数等属性

可见，新建立的软链接文件 soft_ls 和原文件/bin/ls 采用不同的索引节点，两个文件的链接计数均为 1，表明 soft_ls 和/bin/ls 是两个完全独立的文件。soft_ls 文件的类型是 l，文件名"soft_ls ->/bin/ls"表明该文件是一个指向/bin/ls 文件的符号链接文件。

同时，注意 soft_ls 文件的长度为 7，使用 readlink 命令可以读取 soft_ls 文件的原始内容为"/bin/ls"，此即其共享的文件/bin/ls 的路径名，该路径名字符串的长度为 7，如图 4-74 所示。

```
[root@localhost ~]# readlink soft_ls
/bin/ls
```

图 4-74　用 readlink 命令查看原文件/bin/ls 的软链接文件的内容

注意：使用常规查看文件的方式，如 less、cat、vim 等命令是无法查看符号链接文件的原始内容的，操作系统读取软链接文件的内容后，会自动转去读取它所链接的文件的内容。读者可以自行测试。

4.3.6　观察 Linux 内存分配结果

1. 实验说明

Linux 采用虚拟内存管理技术，每个进程都有各自互不干涉的虚拟地址空间，用户程序所使用的是虚拟地址，无法看到实际的物理内存地址，且用户程序可使用比实际物理内存更大的地址空间。本实验通过一个小程序来观察 Linux 对进程栈段、数据段、堆段、代码段的内存分配与管理，进一步理解 Linux 的虚拟内存技术。

2. Linux 进程空间布局

在 32 位 Linux 系统中，每个进程的虚拟地址空间大小为 4GB，这 4GB 空间被人为划分成用户空间与内核空间。默认情况下，用户空间从 0 到 3GB（0xc0000000），内核空间占据 3～4GB。用户进程通常情况下只能访问用户空间虚拟地址，不能访问内核空间虚拟地址。3GB 的用户空间进一步细化为代码段、数 据 段、BSS（Block Started by Symbol）段、堆、栈 5 种内存段，如图 4-75

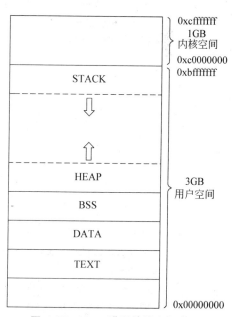

图 4-75　Linux 进程地址空间布局

所示。

(1) TEXT 段：代码段（也叫正文段），存放代码。

(2) DATA 段：数据段，存放初始化的全局变量和 static 变量等，属静态内存分配区。

(3) BSS 段：存放未初始化的全局变量和 static 变量，属静态内存分配区。

(4) HEAP 段：堆段，属动态内存分配区，自低地址端向高地址端增长。

(5) STACK 段：栈段，属动态内存分配区，存放函数参数、局部变量等，由高地址端向低地址端增长。

代码段、数据段和 BSS 段长度在编译之后确定。而堆和栈随着程序的运行动态变化。

注意：以上描述的是 32 位 Linux 系统的进程内存空间布局，64 位系统与之不同，请读者自行参考相关资料。

3. 内存分配示例代码

下面以一个示例代码（tst_mem.c）说明各种情况下，Linux 进程空间中的内存分配情况。

```
#include <stdio.h>
#include <stdlib.h>

//定义两个初始化的全局变量
int data_var0=10;
int data_var1=10;
//定义两个未初始化的全局变量
int bss_var0;
int bss_var1;
int main()
{
    //分别定义一个初始化和一个未初始化的静态变量
    static int data_var2=10;
    static int bss_var2;

    //定义三个局部变量
    int stack_var0=1;
    int stack_var1=1;
    int stack_var2=1;

    printf("------------TEXT Segment-----------\n");
    printf("Address of main: %p\n", main);
    printf("------------DATA Segment-----------\n");
    printf("Address of data_var0: %p\n", &data_var0);
    printf("Address of data_var1: %p\n", &data_var1);
    printf("Address of data_var2: %p\n", &data_var2);
    printf("------------BSS Segment-----------\n");
    printf("Address of bss_var0(BSS Segment): %p\n", &bss_var0);
    printf("Address of bss_var1(BSS Segment): %p\n", &bss_var1);
    printf("Address of bss_var2(BSS Segment): %p\n", &bss_var2);
```

```
    printf("------------STACK Segment-----------\n");
    printf("Address of stack_var0: %p\n", &stack_var0);
    printf("Address of stack_var1: %p\n", &stack_var1);
    printf("Address of stack_var2: %p\n", &stack_var2);

    //使用 malloc 分配三个大小为 1024B 的内存
    char * heap_var0=(char * )malloc(1024);
    char * heap_var1=(char * )malloc(1024);
    char * heap_var2=(char * )malloc(1024);
    //使用 malloc 分配三个大小为 512MB 的内存
    char * mmap_var0=(char * )malloc(1024 * 1024 * 512);
    char * mmap_var1=(char * )malloc(1024 * 1024 * 512);
    char * mmap_var2=(char * )malloc(1024 * 1024 * 512);

    printf("------------HEAP Segment-----------\n");
    if(heap_var0){
        printf("Address of heap_var0:%p\n", heap_var0);
        free(heap_var0);
        heap_var0=NULL;
    }
    if(heap_var1){
        printf("Address of heap_var1:%p\n", heap_var1);
        free(heap_var1);
        heap_var1=NULL;
    }
    if(heap_var2){
        printf("Address of heap_var2:%p\n", heap_var2);
        free(heap_var2);
        heap_var2=NULL;
    }
    printf("------------mmap------------------\n");
    if(mmap_var0){
        printf("Address of mmap_var0:%p\n", mmap_var0);
        free(mmap_var0);
        mmap_var0=NULL;
    }
    if(mmap_var1){
        printf("Address of mmap_var1:%p\n", mmap_var1);
        free(mmap_var1);
        mmap_var1=NULL;
    }
    if(mmap_var2){
        printf("Address of mmap_var2:%p\n", mmap_var2);
        free(mmap_var2);
        mmap_var2=NULL;
```

```
        }

    return 0;
}
```

4. 运行结果及分析

使用 gcc -o tst_mem tst_mem.c 编译链接后,运行两次,其运行结果如图 4-76 所示。

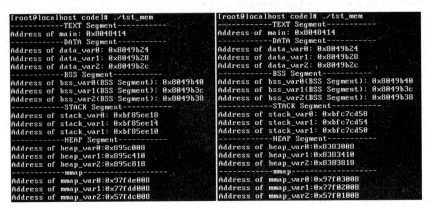

图 4-76   Linux 内存分配结果观察

从两次运行结果可以看出:

(1) 两个初始化的全局变量和一个初始化的静态局部变量,在数据段中分配;数据段地址空间在代码段之上。

(2) 两个未初始化的全局变量和一个未初始化的静态局部变量,在 BSS 段中分配;BSS 段地址空间在数据段之上。

(3) 三个局部变量在栈中定义,栈空间的地址从 0xbfffffff 地址空间,从高地址向低地址增长。

(4) 使用 malloc 分配的三个 1024B 大小的内存区域,在堆中分配;堆地址空间在 BSS 段之上,从低地址向高地址增长。

(5) 使用 malloc 分配的三个 512MB 大小的内存区域,在堆及栈之间的空间分配。

(6) malloc 针对大小不同的内存请求在不同的地方分配内存,是由 malloc 策略决定的,不同的 glibc(GNU C Library 的简称,是 GNU 按照 LGPL 许可协议发布的 C 运行库,通常作为 GNU C 编译程序的一个部分,是 Linux 系统最底层的 API 接口)版本(可用 rpm 命令查看)可能有所不同。一般情况下,对于小于等于 128KB 的内存请求,malloc 在堆中分配内存;对于大于 128KB 的内存请求,malloc 使用 mmap 系统调用函数在堆和栈之间的空间(称为文件映射区域)分配可用内存。

(7) 本示例运行环境中只有 512MB 物理内存,却能分配三个 512MB 的内存,进一步说明了 malloc 分配的是进程虚拟内存,而不是物理内存。

(8) 两次运行结果中,代码段、数据段、BSS 段中变量的地址一致,它们在编译时确定,不再改变;而栈、堆以及文件映射区域中的地址不一致,这是由程序在运行时动态分配的。

注意:

(1)读者若尝试用 malloc 分配更大的内存空间,需防止可能分配失败,故代码中应判断

malloc 的返回结果，同时，内存使用完毕后，应调用 free 函数释放内存，并将其置为 NULL，以避免内存泄漏和使用野指针。

（2）不同的运行环境，结果可能会有差异，本程序运行环境如下。

① 操作系统：CentOS 5.4。内核版本：2.6.18－164.el5xen。

② 硬件架构：i386。物理内存：512MB。

③ gcc 版本：4.1.2。glibc 版本：2.5－42。

4.3.7 观察 Windows XP 注册表的内容

1．实验说明

Windows 注册表保存着 Windows 运行的各种参数，在整个系统中起着核心的作用。通过本实验，帮助读者了解 Windows 注册表的由来、组成以及作用，熟悉注册表编辑器。

2．注册表简介

见 2.2.4 节，此处略。

3．观察示例：查看和修改系统启动项

系统的启动项对应于注册表的 HKEY_LOCAL_MACHINE\SOFTWARE \Microsoft\Windows\CurrentVersion 下的 Run 分支、RunOnce 分支和 RunOnceEx 分支，如图 4-77 所示。

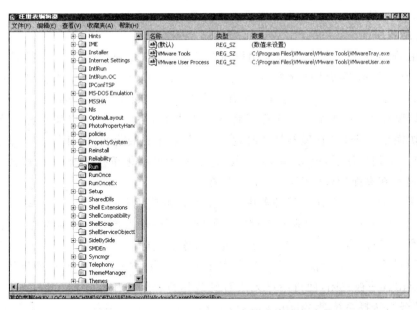

图 4-77　Windows XP 注册表中的系统的启动项

其中，Run 子项中定义了每次系统启动时都需要运行的程序，值项类型是字符串值，值项的名称是该运行程序的说明，值项的值是程序的名称；RunOnce 子项中定义了只运行一次的程序，在该项下的值项中定义的程序运行起来后，该项下的值项就会被删除，通常用于程序的安装过程；RunOnceEx 是 RunOnce 的扩充形式，但在其中的项会先于 RunOnce 中的项启动。

如果想禁止某项程序自动启动，在这三个子项中找到相应的值项，选择后，单击鼠标右键,在弹出的菜单项中,选择"删除"命令即可,读者可在自己的实验环境中自行测试。

注意,为安全起见,在修改注册表之前,最好做好备份,以备日后恢复。

4.3.8 观察并分析 Windows XP 任务管理器显示的内容

1. 实验说明

Windows 任务管理器显示了计算机上运行的所有程序和进程的详细信息,并且提供了计算机有关的性能的信息,如果连接到网络,还可以查看网络信息。因此 Windows 任务管理器是管理员管理计算机、分析计算机性能瓶颈的有力工具。本节简要介绍任务管理器中各项内容以及操作方法。

不同的 Windows 操作系统打开任务管理器的方法以及任务管理器中显示的信息有所不同,但基本概念和基本内容都是相似的,本节以 Windows XP 为例,介绍其任务管理器显示的内容,对于其他操作系统,读者可以此为参考。

2. 打开任务管理器

在任务栏空白处右击鼠标,选择"启动任务管理器",或者按 Ctrl + Alt + Del 组合键(Windows 7 等还需要在弹出的界面中选择"任务管理器",或者直接按组合键 Shift + Ctrl + Esc,详见 2.2.5 节)。任务管理器中一般包含多个选项卡:应用程序、进程、性能、联网以及用户,每个选项卡显示操作系统中相应方面的信息。

注意:不同操作系统的任务管理器可能包含不同的选项卡。

3. 应用程序

任务管理器打开后,默认打开应用程序选项卡。该选项卡中显示了当前正在运行的应用程序,但它只显示当前已打开窗口的应用程序,而 QQ、Skype 等最小化到系统托盘区的应用程序并不会显示出来。该窗口下面有三个按钮:"结束任务"、"切换至"以及"新任务"。

(1)结束任务:选中某个应用程序后,单击"结束任务"按钮,可以强制关闭该任务。

(2)切换至:当任务管理器打开时,会显示在桌面的最前面,而其他应用程序都失去焦点;选中某个应用程序后,单击"切换至"按钮,会自动最小化任务管理器,而被选中应用程序的窗口会显示在桌面的最前面,并且获得焦点。

(3)新任务:可以在任务管理器中打开某个新的应用程序;单击"新任务"按钮,将会出现"创建新任务"对话框,可以在其中的"打开"输入框中输入要打开的应用程序名称,如果不知道应用程序名称,可以单击"浏览"按钮进行搜索。实际上,"新任务"功能类似于"开始"菜单中的"运行"命令。该功能的另一个常用场景是:当操作系统由于某种原因,导致桌面explorer 应用程序被关闭,使得用户无法看到或运行任何应用程序时,可打开任务管理器,选择"新任务",选择系统盘 Windows 目录下 explorer.exe 应用程序,重新打开计算机桌面。

4. 进程

单击任务管理器界面中的"进程"选项卡标签,出现进程显示窗口,可以看到当前正在运行的系统进程及当前用户打开的进程,以及进程当前占用 CPU 和内存的情况(如果勾选"显示所有用户的进程"复选框,则显示所有用户打开的进程信息)。这些进程包括应用程序、后台服务等。有经验的系统管理员通常通过该界面查找异常的进程,以判断是否是木马或病毒,或者关闭占用 CPU 或内存较高的应用程序。

选择某个进程,单击"结束进程"按钮,或在右键菜单中选择"结束进程"命令,可以强制结束该进程,但这种方式将丢失未保存的数据,而如果结束的是系统服务,则系统的某些功能可能无法正常使用;例如 explorer.exe 是桌面进程,如果强制结束后,会导致计算机桌面消失;因此,使用该功能时应慎重。

5. 性能

在任务管理器窗口中单击"性能"选项卡标签,可以看到性能显示界面,该界面主要显示系统在句柄、线程、进程等负载下 CPU 以及各种内存的使用状况,常用于系统管理员分析系统的运行状况,如图 4-78 所示。

图 4-78　Windows XP 任务管理器中的性能显示界面

(1) CPU 使用:表明 CPU 当前工作时间百分比的瞬时值。

(2) CPU 使用记录:显示 CPU 的工作时间随时间变化的曲线,如果 CPU 使用长期超过 20%或以上,则表明系统的负载较重。曲线的采样点取决于"查看"菜单中所选择的"更新速度"设置值,"高"表示每秒两次,"正常"表示每两秒一次,"低"表示每 4 秒一次,"暂停"表示不自动更新。

(3) PF 使用率:PF(Page file,页面文件)使用率显示了当前所有进程使用的内存总和,包括当前使用的物理内存以及由于某种原因交换到磁盘上的进程内存。

(4) 页面文件使用记录:显示 PF 值随时间变化的曲线。曲线采样点取决于"查看"菜单中所选择的"更新速度"设置值。

(5) 总数:显示系统中当前运行的句柄、线程、进程的总数。

① 句柄:Windows 中为每个打开的窗口、文件、GDI 等对象分配一个句柄,因此句柄数的多少在一定程度上反映了系统的负载情况。

② 线程数:显示系统当前所有的线程数量。

③ 进程数:显示系统当前所有的进程数量,每个进程包括一个或多个线程。

(6) 物理内存:显示系统中当前物理内存使用情况。

① 总数:计算机上安装的物理内存的大小。

② 可用数:当前空闲的物理内存的大小。

③ 系统缓存：被应用于系统存放缓存数据的物理内存数量，一旦系统需要，系统缓存所占用的物理内存会被释放出来。

（7）认可用量：显示系统中内存（包括物理内存和磁盘用于内存交换的空间）使用总量、限制值以及峰值。

① 总量：当前所有进程使用的内存总和，该值同 PF 使用率。

② 限制：系统所能提供的最高内存量。

③ 峰值：一段时间内系统曾达到的最高内存使用值，如果峰值接近于限制值时，说明内存可能是系统瓶颈，需要增加物理内存或增大磁盘用于内存交换的空间。

（8）核心内存：操作系统内核占用的内存（包括物理内存和磁盘用于内存交换的空间）使用情况。

① 总数：内核当前所使用的内存总数。

② 分页数：按照页式虚拟内存技术管理的内存总数；这部分内存可以在物理内存和磁盘上来回交换。

③ 未分页：始终驻留在物理内存中的内存数，这部分内存不受虚拟内存的管理。

6. 联网

在任务管理器窗口中单击"联网"选项卡标签（此选项卡仅当计算机网卡存在时才会显示），可以在联网界面看到计算机所连接网卡的使用情况，常用于系统管理人员分析网络使用状况，该界面分为上下两个部分。

界面下面部分显示了当前计算机所连接的所有网络适配器。其中，"网络应用"显示了网卡瞬时流入及流出信息所占链接速度的比例；"链接速度"显示了网卡的速度，如百兆、千兆网卡等；"状态"显示网卡是否正常连接，如本地网卡没有连接网线，则会显示其状态为"不可操作"。

界面上面部分显示了某段时间内网卡的使用曲线，计算机有几个网卡，则会有几个图形。曲线采样点取决于"查看"菜单中所选择的"更新速度"设置值。

7. 用户

在任务管理器窗口中单击"用户"选项卡标签，可以打开用户会话显示界面，该界面显示了当前已登录和连接到本机的用户名称、标识（用户在该系统中的会话 ID）、活动状态（正在运行、断开）以及客户端名。可以单击"注销"按钮重新登录，或者单击"断开"按钮断开与本机的连接。

4.4 编程与实现级

4.4.1 进程调度模拟程序设计

1. 实验说明

通过软件模拟进程调度过程，加深对进程的概念和进程调度过程及算法的理解。

2. 参考设计思路

（1）PCB 的定义。

进程控制块（PCB）的定义如下。

```
typedef struct process_pcb
{
    int ID;                    //进程标识
    int priority;              //进程优先数,值越大,优先级越高
    int arrive_time;           //进程到达时间,以时间片为单位
    int service_time;          //进程需要总的服务时间,以时间片为单位
    int start_time;            //进程开始执行时间,以时间片为单位
    int end_time;              //进程结束时间,以时间片为单位
    int all_time;              //进程仍然需要运行时间,以时间片为单位
    int cpu_time;              //进程已占用 CPU 时间,以时间片为单位
    STATE state;               //进程状态
}PCB;
```

注：STATE 是一个枚举类型,表示进程的三种状态。

（2）总体流程,如图 4-79 所示。

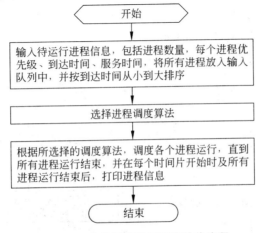

图 4-79 进程调度模拟程序总体流程

（3）进程调度算法流程,如图 4-80 所示。

为方便编程,三种调度算法采用一流程,但针对不同的调度算法,在图 4-80 中的标注 *1, *2, *3 三方面有所不同。

① *1 对就绪队列进行排序

先来先服务调度算法和时间片轮转调度算法直接将到达进程放入就绪队列队尾,不再需要排序,先到的队列自然就在队首。

动态优先级调度算法将到达进程放入就绪队列后,需要根据就绪队列中所有进程的优先级由高到低进行排序。

② *2 进程运行一个时间片后,更改进程信息

主要是更改运行进程仍然需要的时间以及已经占用 CPU 的时间,对于动态优先级调度算法,还需要将优先数减 1。

③ *3 判断下一时间片是否需要进行调度

如果当前没有运行进程,则下一个时间片需要调度新进程。如果当前有运行进程,对于

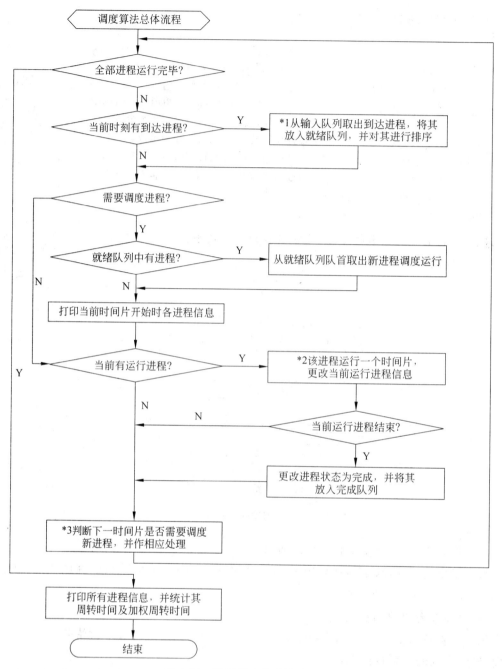

图 4-80　进程调度算法统一流程

先来先服务调度算法,只有当前运行进程运行结束后,才需要进行调度;对于时间片轮转调度算法,需要判断就绪队列中是否存在待调度任务,如果存在,则将当前运行进程放入就绪队列,置需要调度标志;对于动态优先级调度算法,需要判断就绪队列中是否存在优先级比其高的进程,如果存在,则将当前进程放入就绪队列,置需要调度标志。

　　注意:对于后两种调度算法,只要当前运行进程没有运行结束,也可以直接将其放入就绪队列,并置需要调度标志,使其和新到达进程共同竞争CPU。

3. 示例代码

1) 头文件、PCB 及函数定义

```cpp
#include <iostream>
#include <queue>
using namespace std;
//进程有三种状态,这里增加一种,表示虽然输入,但还没有到达进入系统时刻
typedef enum ProcessState{Executing, Ready, Finish, Unarrive}STATE;
char * StateString[]={"Executing", "Ready", "Finish", "--"};    //用于打印进程三种状态
PCB * running_process=NULL;              //当前运行任务。PCB定义见前面的参考设计思路部分
vector<PCB>input_queue;                  //输入队列,存放到达时间大于当前时刻的进程
vector<PCB>ready_queue;                  //就绪队列
vector<PCB>finish_queue;                 //完成队列
bool cmp_arrive_time(const PCB a, const PCB b);   //输入队列按进程到达时间排序函数
bool cmp_priority(const PCB a, const PCB b);      //就绪队列按进程优先数排序函数
void input_process();                    //输入进程信息
int select_policy();                     //选择进程调度策略
void print_all(int current);             //打印所有进程信息
void FCFS();                             //先来先服务算法
void round_robin();                      //时间片轮转算法
void dynamic_prio();                     //动态优先级算法
```

2) 主函数

```cpp
int main()
{
    printf("==================================================\n");
    printf("              操作系统进程调度模拟实验              \n");
    printf("==================================================\n");
    printf("\n");
    input_process();
    print_all(-1);                //-1标志为打印所有进程的初始状态
    int policy=select_policy();
    switch(policy)
    {
    case 1:
        FCFS();
        break;
    case 2:
        round_robin();
        break;
    case 3:
        dynamic_prio();
        break;
    default:
        FCFS();
```

```
        break;
    }
}
```

3）排序函数

```
bool cmp_arrive_time(const PCB a, const PCB b)      //按进程到达时间升序排列
{
    return a.arrive_time<b.arrive_time;
}
bool cmp_priority(const PCB a, const PCB b)       //按进程优先级降序排列,同级先到的在前
{
    if(a.priority !=b.priority){
        return a.priority>b.priority;
    }else{
        return a.arrive_time<b.arrive_time;
    }
}
```

4）输入输出函数

```
int select_policy()                            //选择进程调度策略
{
    printf("\n请选择调度算法(输入 1、2、3 选择):   \n");
    printf("1.先来先服务调度(FCFS)             \n");
    printf("2.时间片轮转调度(Round-Robin)      \n");
    printf("3.动态优先级调度(DynamicPriority)  \n");
    int n;
    printf("请输入调度算法序号:");
    while(scanf("%d",&n)){
        if(n>3||n<1){
            printf("对不起,输入有误,请重新输入!\n");
        }else{
            break;
        }
    }
    return n;
}
void input_process()                 //输入进程信息
{
    int num;
    printf("请输入进程数量:");
    scanf("%d",&num);
    PCBpro;
    for(int i=1; i <=num; i++){
        printf("\n请输入第%d个进程的到达时间、服务时间及优先级(以空格隔开):\n",i);
```

```
            scanf("%d%d%d",&pro.arrive_time,&pro.service_time,&pro.priority);
            pro.ID=i;
            pro.all_time=pro.service_time;
            pro.cpu_time=0;
            pro.start_time=-1;            //开始及结束时间默认为-1,表示尚未被调度过
            pro.end_time=-1;
            pro.state=Unarrive;          //初始化为尚未进入系统
            input_queue.push_back(pro);
        }
        sort(input_queue.begin(), input_queue.end(), cmp_arrive_time);
                                    //按到达时间升序排队
}
void print_process(PCB * pro)        //打印单个进程的信息
{
        if(pro==NULL){
            return;
        }
        printf("%4d%10d%10d%8d%10s", pro->ID, pro->arrive_time,
        pro->service_time, pro->priority, StateString[pro->state]);
        //如果进程尚未开始,则开始时间、结束时间以及剩余时间以--表示
        //如果进程已经开始,但未结束,则其结束时间以--表示
        if(pro->start_time==-1){
            printf("%10s%10s%10s", "--", "--", "--");
        }else{
            if(pro->end_time==-1){
                printf("%10d%10s%10d", pro->start_time,"--", pro->all_time);
            }else{
                printf("%10d%10d%10d", pro->start_time,pro->end_time, pro->all_
                time);
            }
        }
        //仅进程结束后,才统计其周转时间及加权周转时间
        if(pro->state==Finish)
        {
            printf("%10d%10.2lf\n", pro->end_time-pro->arrive_time,
            (float)(pro->end_time-pro->arrive_time)/(float)pro->service_time);
        }else{
            printf("%10s%10s\n", "--", "--");
        }
}
//打印所有进程的信息,-1为打印进程初始输入状态
void print_all(int current)
{
    if(current==-1){
```

```
        printf("\n 进程初始状态: \n", current);
    }else{
        printf("\n 当前时刻为: %d\n", current);
    }
    printf("进程号  到达时间  服务时间  优先级    状态
开始时间 结束时间 剩余时间 周转时间 带权周转时间\n");
    //打印正在运行的进程
    if(running_process !=NULL){
        print_process(running_process);
    }
    vector<PCB>::iterator it;
    //打印就绪队列中的进程
    for(it=ready_queue.begin(); it !=ready_queue.end(); it++){
        print_process(&(*it));
    }
    //打印完成队列中的进程
    for(it=finish_queue.begin(); it !=finish_queue.end(); it++){
        print_process(&(*it));
    }
    //打印仍在输入队列中的进程
    for(it=input_queue.begin(); it !=input_queue.end(); it++){
        print_process(&(*it));
    }
}
```

5）先来先服务调度算法

```
void FCFS()
{
    int chip=0;                          //初始的时间片为 0
    bool need_schedule=true;             //需要调度标志,默认为 true
    while(1)
    {
        //如当前无正在运行进程,同时输入队列和就绪队列都为空,则所有进程完成
        if(!running_process && input_queue.empty() && ready_queue.empty()){
            break;
        }
        //将到达时间小于等于当前时间片的进程从输入队列移到就绪队列中
        while(!input_queue.empty()){
            PCB pro=input_queue[0];
            if(pro.arrive_time <=chip){
                pro.state=Ready;
                    ready_queue.push_back(pro);              //放入就绪队列队尾
                    input_queue.erase(input_queue.begin()+0);   //从输入队列中删除
            }else{
```

```
                    break;
            }
        }
        //判断是否需要调度,如需要则从取出就绪队列队首进程进行调度
        if(need_schedule && !ready_queue.empty())
        {
            running_process=new PCB;
            * running_process=ready_queue[0];                //取出就绪队首进程
            ready_queue.erase(ready_queue.begin()+0);         //从就绪队列中删除之
            //调度进程开始运行
            running_process->start_time=chip;
            running_process->state=Executing;
            need_schedule=false;
        }
        print_all(chip);                                      //打印当前时刻所有进程的信息
        //当前运行任务完成1个时间片,更改其信息
        if(running_process){
            running_process->cpu_time+=1;
            running_process->all_time-=1;
            if(running_process->all_time==0){                 //任务运行结束
                running_process->end_time=chip+1;
                running_process->state=Finish;
                finish_queue.push_back(* running_process);    //将其放入完成队列中
                delete running_process;
                running_process=NULL;
                need_schedule=true;
            }else{
                need_schedule=false;      //FCFS仅当该进程运行完毕后,才调度下一个任务
            }
        }
        chip+=1;
    }
    print_all(chip);                                          //所有任务全部完成后,打印一次
}
```

6) 时间片轮转调度算法

```
void round_robin()
{
    int chip=0;                          //初始的时间片为0
    bool need_schedule=true;
    while(1)
    {
        //如当前无正在运行进程,同时输入队列和就绪队列都为空,则所有进程完成
        if(!running_process && input_queue.empty() && ready_queue.empty()){
```

```
        break;
    }
    //将到达时间小于等于当前时间片的进程从输入队列移入就绪队列中
    while(!input_queue.empty()){
        PCB pro=input_queue[0];
        if(pro.arrive_time <=chip){
            pro.state=Ready;
            ready_queue.push_back(pro);                    //放入就绪队列队尾
            input_queue.erase(input_queue.begin()+0);      //从输入队列中删除
        }else{
            break;
        }
    }
    //判断是否需要调度,如需要则取出就绪队列队首进程进行调度
    if(need_schedule && !ready_queue.empty())
    {
        running_process=new PCB;
        * running_process=ready_queue[0];                  //从就绪队首中取出
        ready_queue.erase(ready_queue.begin()+0);          //从就绪队列中删除之
        //调度进程开始运行
        if(running_process->start_time==-1){               //首次运行
            running_process->start_time=chip;
        }
        running_process->state=Executing;
        need_schedule=false;
    }
    print_all(chip);                                       //打印当前时刻所有进程的信息
    //当前运行任务完成 1 个时间片,判断该任务是否已经完成
    if(running_process){
        running_process->cpu_time+=1;
        running_process->all_time-=1;
        if(running_process->all_time==0){                  //任务运行结束
            running_process->end_time=chip+1;
            running_process->state=Finish;
            finish_queue.push_back(* running_process);     //将其放入完成队列中
            delete running_process;
            running_process=NULL;
            need_schedule=true;
        }else{
            //任务没有完成,如果就绪队列中仍有任务,则轮转调度,否则不调度
            if(!ready_queue.empty()){
                running_process->state=Ready;
                ready_queue.push_back(* running_process);  //将其放回就绪队列中
                delete running_process;
```

```
                running_process=NULL;
                need_schedule=true;
            }else{
                need_schedule=false;
            }
        }
    }
    chip+=1;
    }
    print_all(chip);                    //所有任务全部完成后,打印一次
}
```

7) 简单动态优先级调度算法

```
void dynamic_prio()
{
    int chip=0;                         //初始的时间片为 0
    bool need_schedule=true;
    while(1)
    {
        //如当前无正在运行进程,同时输入队列和就绪队列都为空,则所有进程完成
        if(!running_process && input_queue.empty() && ready_queue.empty()){
            break;
        }
        //将到达时间小于等于当前时间片的进程从输入队列移入就绪队列中
        while(!input_queue.empty()){
            PCB pro=input_queue[0];
            if(pro.arrive_time <=chip){
                pro.state=Ready;
                ready_queue.push_back(pro);             //放入就绪队列队尾
                input_queue.erase(input_queue.begin()+0);   //从输入队列中删除
            }else{
                break;
            }
        }
        if(!ready_queue.empty()){
            //将就绪进程按照优先级降序排列
            sort(ready_queue.begin(),ready_queue.end(),cmp_priority);
        }
        //判断是否需要调度,如需要则取出就绪队列队首进程进行调度
        if(need_schedule && !ready_queue.empty())
        {
            running_process=new PCB;
            * running_process=ready_queue[0];           //取出就绪队首进程
            ready_queue.erase(ready_queue.begin()+0);    //从就绪队列中删除之
            //调度进程开始运行
```

```cpp
            if(running_process->start_time==-1){            //首次运行
                running_process->start_time=chip;
            }
            running_process->state=Executing;
            need_schedule=false;
        }
        print_all(chip);                                    //打印当前时刻,所有进程的信息
        //当前运行任务完成一个时间片,判断该任务是否已经完成
        if(running_process){
            running_process->cpu_time+=1;
            running_process->all_time-=1;
            if(running_process->all_time==0){               //任务运行结束
                running_process->end_time=chip+1;
                running_process->state=Finish;
                finish_queue.push_back(*running_process);   //将其放入完成队列中
                delete running_process;
                running_process=NULL;
                need_schedule=true;
            }else{//任务没有完成,如果就绪队列中仍有任务,且优先级大于
                  //本任务的优先级,则轮转调度,否则不调度
                if(running_process->priority>1){
                    running_process->priority-=1;           //优先级最小为1
                }
                if(!ready_queue.empty()&&ready_queue[0].priority>running_
                process->priority){
                    running_process->state=Ready;
                    ready_queue.push_back(*running_process); //将其放回就绪队列中
                    delete running_process;
                    running_process=NULL;
                    need_schedule=true;
                }else{
                    need_schedule=false;
                }
            }
        }
        chip+=1;
    }
    print_all(chip);                          //所有任务全部完成后,打印一次
}
```

说明:

(1) 为便于就绪队列进行排序,本示例使用了 C++ 标准模板库中的 vector 对象,因此本示例代码使用 C++ 语言。如读者选择使用 C 语言,请自行编写排序代码。

(2) 本示例程序用的头文件主要有<iostream>和<queue>。除了 main 函数外,本示例

程序还定义了用于输入队列排序和就绪队列排序的两个排序函数、输入进程信息函数、选择调度策略函数、打印进程信息函数和三个调度算法函数。

4. 编译链接

本代码需使用 g++ 进行编译：g++ -o ProcessSchedule ProcessSchedule. cpp,其中 ProcessSchedule. cpp 为源代码,编译生成目标文件 ProcessSchedule。

5. 运行示例

下面仅示例一个时间片轮转调度算法,其余算法请读者自行测试。

本示例输入三个进程,到达时间均为 1,服务时间均为 2,优先级均为 3(虽然时间片轮转调度算法用不到优先级,为统一起见,也要求输入优先级)。

从运行结果(见图 4-81)来看,三个进程轮流占用 CPU,直到所有进程全部运行完毕,最后,统计了每个进程的周转时间及加权周转时间。

4.4.2 页面置换模拟程序设计

1. 实验说明

通过软件模拟页面置换过程,加深对请求页式存储管理实现原理的理解,掌握页面置换算法。

2. 参考设计思路

(1) 重要数据结构。

① 页表数据结构:

```
typedef struct{
    int vmn;                //虚页号
    int pmn;                //虚页号所对应的实页号
    int exist;              //存在位,是否已经在物理内存中
    int time;               //最近访问时间,LRU 中用于统计最近访问时间
                            //FIFO 中用于统计第一次进入物理内存时间
}vpage_item;
//页表,总数为 VM_PAGE
vpage_item page_table[VM_PAGE];
```

页表是虚地址向物理地址转换的依据,包含虚页号所对应的实页号,是否在物理内存中。

页表中增加了一个 time 项,用于替换算法选择淘汰页面,在不同的替换算法中,time 含义不一样。

- 在 LRU 算法中,time 为最近访问的时间。该虚页每访问一次,time 置为当前访问时刻,淘汰页面时,淘汰 time 值最小的,即最久没有被使用的。
- 在 FIFO 算法中,time 为该虚页进入内存的时间。只有当该虚页从外存进入内存时,才置该标志。淘汰页面时,淘汰 time 值最小的,即最早进入内存的虚页。
- 在 OPT 算法中,time 没有任何含义。

② 物理页位图数据结构

```
//物理页位图,存放当前正在物理内存中的页表项的指针
```

```
================================================
                操作系统进程调度模拟实验
================================================
请输入进程数量:3

请输入第1个进程的到达时间、服务时间及优先级（以空格隔开）：
1 2 3

请输入第2个进程的到达时间、服务时间及优先级（以空格隔开）：
1 2 3

请输入第3个进程的到达时间、服务时间及优先级（以空格隔开）：
1 2 3

进程初始状态：
进程号  到达时间  服务时间  优先级    状态    开始时间  结束时间  剩余时间  周转时间  带权周转时间
  1       1        2        3       --        --        --        --        --          --
  2       1        2        3       --        --        --        --        --          --
  3       1        2        3       --        --        --        --        --          --

请选择调度算法<输入1、2、3选择>：
1.先来先服务调度<FCFS>
2.时间片轮转调度<Round-Robin>
3.动态优先级调度<DynamicPriority>
请输入调度算法序号:2

当前时刻为: 0
进程号  到达时间  服务时间  优先级    状态    开始时间  结束时间  剩余时间  周转时间  带权周转时间
  1       1        2        3       --        --        --        --        --          --
  2       1        2        3       --        --        --        --        --          --
  3       1        2        3       --        --        --        --        --          --

当前时刻为: 1
进程号  到达时间  服务时间  优先级    状态    开始时间  结束时间  剩余时间  周转时间  带权周转时间
  1       1        2        3   Executing    1         --        2         --          --
  2       1        2        3     Ready      --        --        --        --          --
  3       1        2        3     Ready      --        --        --        --          --

当前时刻为: 2
进程号  到达时间  服务时间  优先级    状态    开始时间  结束时间  剩余时间  周转时间  带权周转时间
  2       1        2        3   Executing    2         --        2         --          --
  3       1        2        3     Ready      --        --        --        --          --
  1       1        2        3     Ready      1         --        1         --          --

当前时刻为: 3
进程号  到达时间  服务时间  优先级    状态    开始时间  结束时间  剩余时间  周转时间  带权周转时间
  3       1        2        3   Executing    3         --        2         --          --
  1       1        2        3     Ready      1         --        1         --          --
  2       1        2        3     Ready      2         --        1         --          --

当前时刻为: 4
进程号  到达时间  服务时间  优先级    状态    开始时间  结束时间  剩余时间  周转时间  带权周转时间
  1       1        2        3   Executing    1         --        1         --          --
  2       1        2        3     Ready      2         --        1         --          --
  3       1        2        3     Ready      3         --        1         --          --

当前时刻为: 5
进程号  到达时间  服务时间  优先级    状态    开始时间  结束时间  剩余时间  周转时间  带权周转时间
  2       1        2        3   Executing    2         --        1         --          --
  3       1        2        3     Ready      3         --        1         --          --
  1       1        2        3     Finish     1         5         0         4         2.00

当前时刻为: 6
进程号  到达时间  服务时间  优先级    状态    开始时间  结束时间  剩余时间  周转时间  带权周转时间
  3       1        2        3   Executing    3         --        1         --          --
  1       1        2        3     Finish     1         5         0         4         2.00
  2       1        2        3     Finish     2         6         0         5         2.50

当前时刻为: 7
进程号  到达时间  服务时间  优先级    状态    开始时间  结束时间  剩余时间  周转时间  带权周转时间
  1       1        2        3     Finish     1         5         0         4         2.00
  2       1        2        3     Finish     2         6         0         5         2.50
  3       1        2        3     Finish     3         7         0         6         3.00
```

图 4-81　进程调度算法模拟程序运行结果

```
vpage_item *  ppage_bitmap[PM_PAGE];
```

物理页位图是用于记录物理页是否被使用,用于物理页内存的分配。正常情况下是一个数组,元素值为 0 时,代表相应物理页没有装入任何虚页,值为 1 时,代表该物理页装入虚页。但为方便替换算法检索要替换出去的虚页,数组的每个元素值为当前放在该物理页的页表项的指针。若值为 NULL,则表示该物理页没有被占用,当值不为 NULL 时,表示正在占用该物理页的虚页。

③ 指令相关数据结构

```
//每条指令信息
typedef struct{
    int num;                          //指令号
    int vpage;                        //所属虚页
    int offset;                       //页内偏移
    int inflow;                       //指令流中是否已包含该指令,用于构建指令流
}instr_item;
//指令数组
instr_item instr_array[TOTAL_INSTR];
//指令流数据结构
struct instr_flow{
    instr_item * instr;
    struct instr_flow * next;
};
//指令流头数据结构
struct instr_flow_head{
    int num;                          //指令流中指令数;
    struct instr_flow * next;         //指向下一条指令
};
struct instr_flow_head iflow_head;
```

每条指令包括指令号、该指令所属虚页及页内偏移(这两项可以根据指令号计算出来,增加这两项是为了方便编程)。inflow 是一个辅助项,用于构建指令流。

按照题目的要求,按照规则生成的指令流中,应包含所有的 320 条指令。但每次随机生成的指令号,可能已在指令流中,因此最终指令流中的指令数可能远超过 320 条指令。

设置 inflow 的目的是为了便于统计是否 320 条指令均已加入到指令流中。在该条指令加入到指令流中时,如果 inflow 为 0,表示该指令尚未在指令流中,则统计数加 1;如果 inflow 为 1,表示该指令已经加入过指令流,该指令虽然再次加入指令流,但统计数不增加。这样,当统计数为 320 时,表示所有的指令均已经加入到指令流中。

struct instr_flow 为指令流数据结构,struct instr_flow_head 始终指向指令流的头,其中 num 用于指令流中指令数量计数,用于计算缺页率。

(2)主流程,如图 4-82 所示。

(3)指令流生成流程。

指令流的生成按照实验要求生成,算法流程如图 4-83 所示。

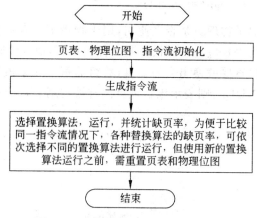

图 4-82　页面置换模拟程序总体流程

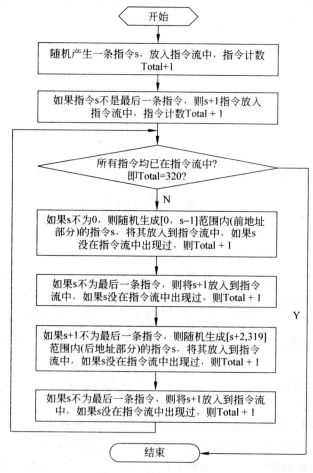

图 4-83　指令流生成流程

（4）物理内存分配流程。

物理内存分配时，需要根据当前置换算法选择淘汰页面。其基本流程如图 4-84 所示。

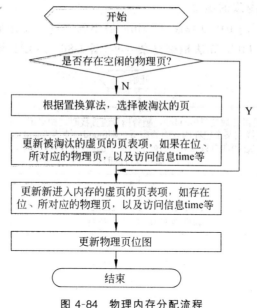

图 4-84 物理内存分配流程

（5）运行流程，如图 4-85 所示。

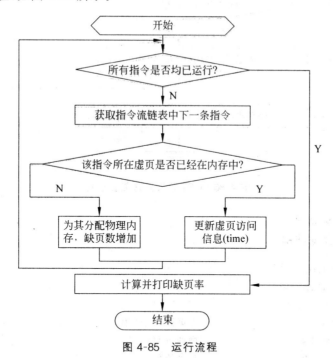

图 4-85 运行流程

（6）三种置换算法。

① OPT 算法：在当前指令的后续指令流中，寻找已在内存中的虚页，哪个最远才被使用，反过来，如果先找到最近三个（物理页面总数为 4）已在内存中的虚页，则剩下的那个虚页肯定就是最远才被使用的虚页，该虚页被淘汰，其物理内存分配给当前指令所在的虚页。

② FIFO 算法：在已在物理内存中的虚页中，寻找 time 最小的虚页（最早进入物理内存

的虚页），该虚页即是被淘汰的虚页。

③ LRU 算法：思想同 FIFO 算法，但 time 最小的虚页含义是最久没有被使用的虚页

在三种置换算法中，OPT 算法稍微复杂一些，图 4-86 为 OPT 算法的简要流程图。

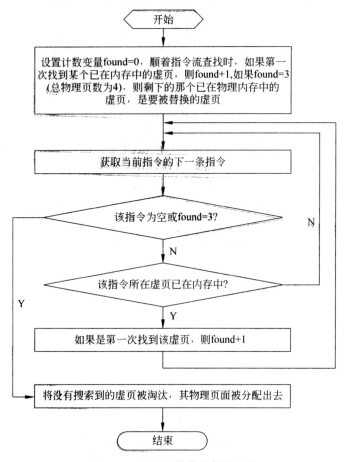

图 4-86　OPT 置换算法简要流程

3. 示例代码 page. c

1）头文件及数据结构

```
#include <stdio.h>
#include <stdlib.h>
#include <string.h>
#define VM_PAGE 32                  //虚页面数,共 32
#define PM_PAGE 4                   //物理页面数,共 4
#define TOTAL_INSTR 320             //指令条数,320
#define INSTR_PER_PAGE 10           //每页指令数
#define OPT 1                       //最佳算法
#define FIFO 2                      //先进先出算法
#define LRU 3                       //最近很少使用算法
//页表项数据结构
typedef struct{
```

```
    int vmn;                                    //虚页号
    int pmn;                                    //虚页号所对应的实页号
    int exist;                                  //存在位,是否已经在物理内存中
    int time;                                   //最近访问时间,但在 FIFO 中为首次进入物理内存的时间
}vpage_item;
vpage_item page_table[VM_PAGE];                 //页表,总数为 VM_PAGE
vpage_item * ppage_bitmap[PM_PAGE];             //物理页位图,存放当前物理内存中页表项的指针
//每条指令信息
typedef struct{
    int num;                                    //指令号
    int vpage;                                  //所属虚页
    int offset;                                 //页内偏移
    int inflow;                                 //指令流中是否已包含该指令,用于构建指令流
}instr_item;
instr_item instr_array[TOTAL_INSTR];            //指令数组
//指令流数据结构
struct instr_flow{
    instr_item * instr;
    struct instr_flow * next;
};
//指令流头数据结构
struct instr_flow_head{
    int num;                                    //指令流中指令数
    struct instr_flow * next;                   //指向下一条指令
};
struct instr_flow_head iflow_head;
int pfail_num=0;                                //缺页数
int cur_replace_alg=1;                          //当前置换算法,默认为 OPT
void init_data();                               //初始化函数
void reset_page_table();                        //重置页表及物理页位图,选择新的替换算法时应调用该函数
int add_to_flow(int n);                         //将 n 号指令加入到指令流中,如果已存在,返回 0,否则,返回 1
int gen_instr_flow();                           //根据指令生成算法,生成指令流
int alloc_PPage(struct instr_flow * cur, int chip);   //为虚页分配物理页面
void run();                                     //模拟指令的运行过程
int opt(struct instr_flow * cur);               //opt 置换算法,返回被替换的物理页面
int fifo(struct instr_flow * cur);              //fifo 置换算法,返回被替换的物理页面
int lru(struct instr_flow * cur);               //lru 置换算法,返回被替换的物理页面
void clean();                                   //清理函数,释放为指令流数据分配的内存
```

2) 主程序

```
int main()
{
    init_data();                                //初始化数据
    gen_instr_flow();                           //产生指令流
```

```c
    printf("--------The result of OPT--------------------\n");
                                            //使用 OPT 算法模拟
    cur_replace_alg=OPT;
    run();
    printf("--------The result of FIFO--------------------\n");
                                            //使用 FIFO 算法模拟
    cur_replace_alg=FIFO;
    reset_page_table();
    run();
    printf("--------The result of LRU--------------------\n");
                                            //使用 LRU 算法模拟
    cur_replace_alg=LRU;
    reset_page_table();
    run();
    clean();                                //最后的清理工作,释放内存
}
```

3）数据初始化

```c
//数据初始化
void init_data()
{
    int i=0;
    for(i=0; i<VM_PAGE; i++){               //虚页表初始化
        page_table[i].vmn=i;
        page_table[i].pmn=0;
        page_table[i].exist=0;
        page_table[i].time=-1;
    }
    for(i=0; i<PM_PAGE; i++){               //物理页位图初始化
        ppage_bitmap[i]=NULL;               //没有被使用
    }
    for(i=0; i<TOTAL_INSTR; i++){           //指令数组初始化
        instr_array[i].num=i;
        instr_array[i].vpage=i/INSTR_PER_PAGE;
        instr_array[i].offset=i%INSTR_PER_PAGE;
        instr_array[i].inflow=0;
    }
    //指令流头初始化
    iflow_head.num=0;
    iflow_head.next=NULL;
    pfail_num=0;                            //缺页数
}

//重置页表信息,当使用一种算法模拟后,如再使用第二种算法模拟,
//需重置页表,但保留指令流初始化信息,这样,多种算法可以使用
```

```
//一个指令流来进行比较
void reset_page_table()
{
    int i=0;
    for(i=0; i<VM_PAGE; i++){                    //虚页表初始化
        page_table[i].vmn=i;
        page_table[i].pmn=0;
        page_table[i].exist=0;
        page_table[i].time=-1;
    }

    for(i=0; i<PM_PAGE; i++){                    //物理页位图初始化
        ppage_bitmap[i]=NULL;                    //没有被使用
    }
    pfail_num=0;                                 //缺页数
}
```

4）生成指令流

```
//将第 n 条指令加入到指令流链表尾部
//如该指令在指令流中不存在,返回 1,否则返回 0
int add_to_flow(int n)
{
    int ret=0;
    struct instr_flow * tail=NULL;
    struct instr_flow * ptr=NULL;
    //创建一个链表元素
    tail=(struct instr_flow *)malloc(sizeof(struct instr_flow));
    tail->instr=&instr_array[n];
    tail->next=NULL;
    //判断返回值,如指令流中已有该指令,返回值为 0,否则返回 1
    if(instr_array[n].inflow==0){
        instr_array[n].inflow=1;
        ret=1;
    }
    //将指令加入链表,当指令流头为空时,直接加到指令流头后面
    //否则,将其加入到链表最后面
    if(iflow_head.num==0 && iflow_head.next==NULL){
        iflow_head.next=tail;
    }else{
        ptr=iflow_head.next;
        while(ptr->next !=NULL){                  //寻找指令流尾部
            ptr=ptr->next;
        }
        ptr->next=tail;
    }
```

```
            iflow_head.num+=1;
            return ret;
        }
    //按照规则生成指令流,一条指令可能在指令流中多次出现,
    //因此,生成的指令流应大于等于 TOTAL_INSTR 返回生成的指令总条数
    int gen_instr_flow()
    {
        int total=0;                        //指令流中非重复指令个数
        int s;
        srand((int)getpid());               //根据 PID 给随机种子
        s=(int)rand() % TOTAL_INSTR;        //随机产生一条开始指令
        total+=add_to_flow(s);
        if(s<TOTAL_INSTR-1){                //如果 s 不是最后一条,顺序执行下一条指令
            total+=add_to_flow(s+1);
        }
        //重复:跳转到前地址部分、顺序执行、跳转到后地址部分、顺序执行
        while(total<TOTAL_INSTR){
            if(s>0){                        //如果 s 不是 0,则跳转到前地址部分[0, s-1],然后顺序执行
                s=(int)rand() % s;          //产生[0,s)的随机数
                total+=add_to_flow(s);
                if(s<TOTAL_INSTR-1){        //如果 s 不是最后一条,顺序执行下一条指令
                    total+=add_to_flow(s+1);
                }
            }
            if(s<TOTAL_INSTR-2){            //如果 s+1 不是最后一条,则跳转到后地址部分
                                            //[s+2, 319]
                s=(int)rand() % (TOTAL_INSTR-s-2)+(s+2);      //产生[s+2,320)的随机数
                total+=add_to_flow(s);
                if(s<TOTAL_INSTR-1){        //如果 s 不是最后一条,顺序执行下一条指令
                    total+=add_to_flow(s+1);
                }
            }
        }
        return iflow_head.num;              //返回指令流中指令数
    }
```

5）物理内存分配及运行

```
//为当前指令分配物理页,返回物理页号,并更新页表及物理页表位图
//chip: 当前时刻
int alloc_PPage(struct instr_flow * cur, int chip)
{
    int i;
    int ppage=-1;
    int vpage=cur->instr->vpage;
    for(i=0; i<PM_PAGE; i++){              //通过物理页表位图,寻找是否有未用的物理位图
```

```
            if(ppage_bitmap[i]==NULL){
                ppage=i;
                break;
            }
        }
    if(ppage==-1){                          //如果没有直接可用的物理内存,需要置换
        switch(cur_replace_alg)
        {
        case OPT:
            ppage=opt(cur);
            break;
        case FIFO:
            ppage=fifo(cur);
            break;
        case LRU:
            ppage=lru(cur);
            break;
        default:
            ppage=opt(cur);
            break;
        }
    }
//更新页表中 pmn 以及 exist,time 属性根据置换算法类型修改
page_table[vpage].pmn=ppage;                //对应的实页号
page_table[vpage].exist=1;                  //将存在位置1
switch(cur_replace_alg)
{
case OPT:
    break;
case FIFO:
    if(page_table[vpage].time==-1){         //该页首次进入内存时才更新
        page_table[vpage].time=chip;
    }
    break;
case LRU:
    page_table[vpage].time=chip;
    break;
default:
    break;
}
//更新物理位图中的信息
if(ppage_bitmap[ppage]){                     //更新被置换出去的页表信息
    ppage_bitmap[ppage]->exist=0;
    ppage_bitmap[ppage]->time=-1;
}
```

```
            ppage_bitmap[ppage]=&page_table[vpage];        //物理位图当前指针更新为新的页表项
        return ppage;
    }
    //运行程序,在发生页面置换时,根据当前置换算法选择置换页面
    void run()
    {
        int vpage, offset, ppage;
        int chip=0;
        struct instr_flow * cur=iflow_head.next;        //指令流中当前指令
        while(cur !=NULL){
            vpage=cur->instr->vpage;
            offset=cur->instr->offset;
            if(page_table[vpage].exist==0){         //如果该指令不在物理内存中
                ppage=alloc_PPage(cur, chip);        //为其分配物理内存
                pfail_num+=1;                         //计算缺页率
            }else{         //如果已在内存中,根据置换算法更新页表项中 time 信息,仅 LRU 需要更新
                switch(cur_replace_alg){
                case LRU:
                    page_table[vpage].time=chip;
                    break;
                case OPT:
                case FIFO:
                default:
                    break;
                }
            }
            //如需要打印该指令物理地址,请取消对该句的注释
            //printf("%d\t", ppage * 10+offset);
            cur=cur->next;
            chip++;
        }
        //打印使用该替换算法的缺页率
        printf("page fault ratio is %f\n",
        (float)pfail_num/(float)iflow_head.num);
    }
```

6) 三种置换算法

```
int opt(struct instr_flow * cur)  //最优置换算法 opt,寻找最远才被使用的虚页所在的实页
{
    int found=0;
    int ppage_hash[PM_PAGE];
    struct instr_flow * ptr=cur->next;
    int vpage, ppage, exist, i, ret;
    memset(ppage_hash, 0, sizeof(int) * PM_PAGE);
    while(ptr !=NULL && found<PM_PAGE-1){        //搜索指令流,在内存中找替换的虚页
        vpage=ptr->instr->vpage;
        ppage=page_table[vpage].pmn;
```

```
        exist=page_table[vpage].exist;
        if(exist && ppage_hash[ppage]==0){
            ppage_hash[ppage]=1;
            found+=1;
        }
        ptr=ptr->next;
    }
    for(i=0; i<PM_PAGE; i++){      //搜索 ppage_hash,第一个为 0 的物理页面即要被置换的
        if(ppage_hash[i]==0){
            ret=i;
            break;
        }
    }
    return ret;
}
int lru(struct instr_flow * cur)      //LRU 置换算法,从 ppage_bitmap 中找 time 值最小的页面
{
    int min_time=1000000; ppage=-1; i;
    for(i=0; i<PM_PAGE; i++){
        if(ppage_bitmap[i] && ppage_bitmap[i]->time<min_time){
            min_time=ppage_bitmap[i]->time;
            ppage=i;
        }
    }
    return ppage;
}
int fifo(struct instr_flow * cur)   //fifo 置换算法,从 ppage_bitmap 中找 time 值最小的页面
{
    int min_time=1000000; ppage=-1, i;
    for(i=0; i<PM_PAGE; i++){
        if(ppage_bitmap[i] && ppage_bitmap[i]->time<min_time){
            min_time=ppage_bitmap[i]->time;
            ppage=i;
        }
    }
    return ppage;
}
```

7）清理工作

```
void clean()                 //释放指令流数据结构
{
    struct instr_flow * ptr=NULL, * cur=NULL;
    ptr=cur=iflow_head.next;
    while(ptr !=NULL){
        cur=ptr;
        ptr=ptr->next;
```

```
        free(cur);
    }
}
```

说明：本示例程序用的头文件主要有<stdio. h>和<stdlib. h>。除了 main 函数外，本示例程序还定义了初始化函数、重置页表函数、把指令加入到指令流的函数、生成指令流函数、分配物理页面函数、模拟指令的运行过程函数、释放内存函数和三个置换算法函数。

4. 编译链接

本代码使用 gcc 进行编译：gcc -o page page. c，其中 page. c 为源代码，编译生成目标文件 page。

5. 运行示例

本示例运行结果，屏蔽了打印每条指令所对应的物理地址，仅打印了对于一个指令流，三种替换算法的缺页率，以便于读者比较。图 4-87 为多次运行的结果。

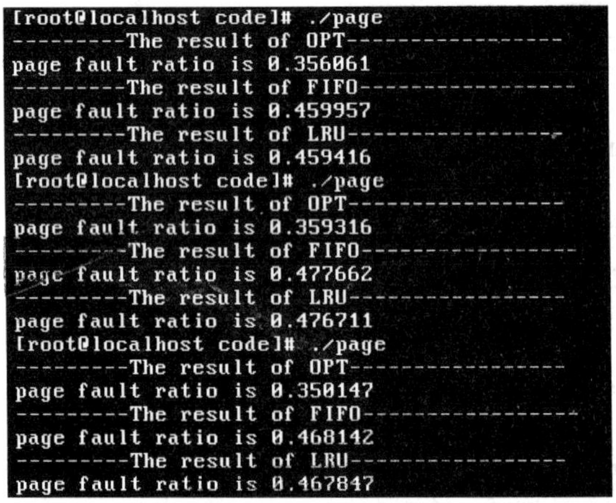

```
[root@localhost code]# ./page
--------The result of OPT--------------
page fault ratio is 0.356061
--------The result of FIFO--------------
page fault ratio is 0.459957
--------The result of LRU--------------
page fault ratio is 0.459416
[root@localhost code]# ./page
--------The result of OPT--------------
page fault ratio is 0.359316
--------The result of FIFO--------------
page fault ratio is 0.477662
--------The result of LRU--------------
page fault ratio is 0.476711
[root@localhost code]# ./page
--------The result of OPT--------------
page fault ratio is 0.350147
--------The result of FIFO--------------
page fault ratio is 0.468142
--------The result of LRU--------------
page fault ratio is 0.467847
```

图 4-87　页面置换模拟程序的多次运行结果

从运行结果来看，OPT 算法始终是最优化的置换算法，但 OPT 算法需要了解所有指令流的构成情况，在实际的系统中是不可能实现的。

对于按照本实验要求的指令流，LRU 和 FIFO 置换算法的缺页率差别不大。

4.4.3　文件系统模拟设计

1. 实验说明

文件系统是操作系统的重要组成部分。本实验通过设计一个模拟文件系统，加深理解文件系统内部功能及内部实现。

2. 参考设计思路

不同的文件系统有不同的特性及实现方法，因此读者可以参考各种文件系统的实现来完成本实验。本节给出的参考示例模拟 Linux ext 文件系统，在内存中实现了一个简易的二级文件系统，以供读者参考。

1) 文件系统布局

本模拟文件系统布局参考 ext 文件系统中一个块组的布局，做了最简化的模拟，把原本一个块组中的布局看成是整个文件系统的布局，如图 4-88 所示。

1块	1块	1块	m块	n块
超级块	块位图	inode 位图	inode表	数据块

图 4-88　模拟文件系统布局

其中内容简介如下。

（1）超级块：占 1 个块（假设块大小为 512B），保存文件系统的信息，如可用空间、可用 inode 节点等信息。

（2）块位图：以位图方式保存文件系统中所有块被使用的信息，占一个块，则文件系统能管理的最大磁盘空间为 $512 \times 8 \times 512B = 2MB$。本模拟文件系统申请了 2MB 内存，来最简化地模拟磁盘空间。

（3）inode（索引节点）位图：以位图方式保存索引节点被使用的情况，占一个块，则理论上文件系统支持的最大索引节点数为 $512 \times 8 = 4K$ 个。本模拟文件系统限制支持最大文件及目录数为 1024 个。

（4）inode 表：每个 inode 保存一个文件或目录的除了名字之外的属性信息。inode 表所占的物理块的大小由文件系统支持的文件数量以及每个 inode 节点的大小决定。

（5）数据块：数据块保存文件及目录的信息。

2）超级块

本模拟文件系统超级块仅定义了该文件系统已用、未用的 inode 数，以及已用、未用的 block 数。其数据结构如下所示。

```
struct d_super_block{
    unsigned short s_inodes_used;        //已用的 inode 数
    unsigned short s_inodes_free;        //可用的 inode 数
    unsigned short s_blocks_used;        //已用的 block 数
    unsigned short s_blocks_free;        //可用的 block 数
};
```

3）索引节点及目录项

在模拟文件系统中，目录也被认为是一个文件，每个文件占用一个索引节点，索引节点保存文件或目录的属性。本模拟文件系统定义的索引节点数据结构如下所示。

```
struct d_inode{
    unsigned char i_type;                //类型,1:普通文件,2:目录
    unsigned char i_mod;                 //访问模式,1:只读,2:只写,3:读写
    unsigned short i_size;               //文件大小
    short i_addr[MAX_FILE_BLOCK];        //直接索引,即文件的物理块号
};
```

每个文件所占用的物理块由 i_addr 定义，为简化起见，没有采用类似于 ext 文件系统的混合索引结构，而是采用了最简单的直接索引结构。

对于文件来说，物理块中保存的是文件内容，i_size 定义了该文件的长度，而对于目录

来说,物理块中保存的是该目录下的所有文件及子目录的目录项,i_size 定义了该目录下文件及子目录的数量。目录项数据结构如下所示。

```
struct direct_item{
    char d_name[FILENAME_LEN];               //文件或目录名
    unsigned short d_inode;                  //文件或目录的 inode 号
};
```

例如,本模拟文件系统在根目录下为每个用户建立一个子目录,子目录名同用户名。假设用户为 user0~user5,则在根目录下建立 6 个子目录 user0~user5,而子目录 user4 下有一个文件为 file1,如图 4-89 所示。

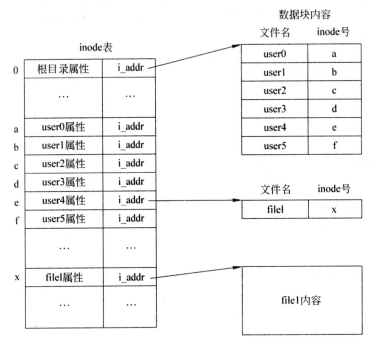

图 4-89　模拟文件系统索引节点表示意图

本模拟文件系统中,根目录默认占用 inode 表中第 0 个表项。目录项在数据块中成组连续存储;成组存储指的是:如果数据块剩余空间不足以存储一个目录项,则该块空间不被使用,需要为该目录分配新的数据块,然后再存储。连续存储指的是:所有目录项在数据块中连续顺序存储,如果中间某文件或目录被删除,后续的目录项应上移,而如果上移之后,某数据块没有存储任何目录项,则该数据块应被释放。

4）文件打开机制

为避免每次访问文件时都从外存查找文件目录,文件系统都设立了文件打开机制,将当前要使用的文件信息保存在内存中。本模拟文件系统借鉴这种机制,在内存中设立文件打开表,保存要操作的文件的索引节点信息、访问属性以及文件的读写位置等信息。文件打开表数据结构如下所示。

```
struct f_inode{
    unsigned char f_valid;                   //该项是否有效,0:无效,1:有效
```

```
        unsigned char f_oflag;                  //属性,1:只读,2:只写,3:读写
        unsigned short f_nodeid;                //打开的文件 inode
        unsigned short f_pos;                   //读写位置
    };
    struct f_inode fopen_table[MAX_OPEN_FILE];
```

其中,MAX_OPEN_FILE 定义了文件系统中能同时打开的文件数目,每个打开的文件在文件表中都有一项 struct f_inode 结构的信息。f_oflag 代表文件打开的读写属性,f_nodeid 为该文件的索引节点号,便于访问文件时读取索引节点表;f_pos 为该文件的读写位置,后续操作无论是读还是写,都从该位置开始进行读写,文件的读写位置可以通过本模拟文件系统提供的 seek 操作进行更改。

在常用的文件系统中,具有相同 inode 和读写属性的打开文件在文件打开表中占一项。也即对于同一个文件,如果具有不同的打开属性,在文件打开表中占多个文件打开表项,采用这种方式,是便于文件读写权限控制。本模拟文件系统也遵循该原则。

每个打开的文件在文件打开表中的位置,为该打开文件的文件描述符 fd,后续的读写操作都应以该值代表要操作的文件,这与 C 语言中文件的操作是相符合的。即要对文件进行操作,首先必须打开文件,得到文件描述符,后续的读、写操作都以该描述符代表要操作的文件,文件使用完毕后,应使用 close 操作关闭文件,即清除该文件在文件打开表中的内容。

下面是一个操作示例。

```
fd=open("file1", 3);                    //以读写方式打开文件,返回文件描述符
seek(fd, 0);                            //文件读写位置更改为文件开始地方
write(fd, "some information");          //从开始地方写信息
seek(fd,-1);                            //更改读写位置为文件尾
write(fd, "another information");       //向文件尾追加信息
seek(fd, 0);                            //文件读写位置更改为文件开始地方
read(fd, 20, buf);                      //从文件开始地方读 20 个字符
close(fd);                              //关闭文件
```

在一般的文件系统中,对文件进行读写之后,会更改文件的读写位置。本模拟文件系统并没有实现这一功能,需要用户执行 seek 操作,来更改文件读写位置。

5) 文件保护机制

本示例模拟文件系统提供了一个简单的文件读、写保护机制。保护机制体现在两个方面:文件读写属性以及文件打开读写属性。

(1) 文件读写属性。每个文件均具有读写属性:只读、只写以及读写。执行文件 OPEN 操作时,对于只读文件,只能以读的方式打开,对于只写文件,只能以写的方式打开,对于可读写文件,可以以只读、只写或读写的方式打开。

(2) 文件打开读写属性。文件打开读写属性控制着对文件的访问,如果文件以只读方式打开,则只能读文件,文件以只写方式打开,则只能写文件,而文件如果以读写方式打开,则既可以读,也可以写。

本模拟文件系统中,每个文件建立时,默认为读写属性,模拟文件系统提供 chmod 操作,可以更改文件的读写属性。

6) 用户管理

为便于用户管理,本模拟文件系统设立一个用户表,存放用户信息,保存在根目录下 user 文件中,其中包括该用户的用户名及密码,以及用户子目录的 inode 号,便于用户登录后,访问该用户的子目录。用户表如下所示。

```
struct user_info{
    short u_id;                              //用户 id
    unsigned short u_inode;                  //用户文件夹的 inode
    char u_name[USERNAME_LEN];               //用户名
    char u_pwd[PASSWD_LEN];                  //用户密码
};
struct user_info user_table[USER_NUMBER];    //用户表
```

为简单起见,本模拟文件系统支持 user0～user5 共 6 个用户,每个用户密码同用户名。每个用户登录后,自动转到该用户的子目录。

7) 文件操作

用户首先必须输入用户名和密码登录文件系统,才能进行后续的操作。本模拟文件系统提供以下操作命令。

(1) help:显示命令帮助信息。

(2) dir:列出用户目录下的文件信息,包括文件类型(目录或文件)、文件名、文件长度、文件读写属性、文件 inode 号、文件占用的首块号。

(3) create:创建文件。

(4) delete:删除文件,文件被打开时,不能删除。

(5) open:打开文件,返回文件描述符。

(6) close:关闭文件。

(7) read:读文件,必须以文件描述符作为文件参数。

(8) write:写文件,必须以文件描述符作为文件参数。

(9) seek:更改文件的读写开始位置,-1 代表文件尾。

(10) chmod:更改文件读写属性。

(11) logout:退出登录,退出后,可以新的用户名及密码登录。

(12) exit:退出文件系统。

8) 重点流程

模拟文件系统的功能比较多,本节仅介绍核心功能:文件系统格式化、创建根目录、目录及文件创建、文件删除、读文件、写文件以及主程序的关键流程。

(1) 文件系统格式化

该功能模块主要完成模拟磁盘的内存分配以及超级块、块位图、inode 位图的初始化以及根目录创建,流程如图 4-90 所示。

根目录的创建流程见下文。

(2) 创建根目录

根目录的创建与普通文件及子目录的创建类似,不同的是,普通文件及子目录创建时,需要修改其父目录内容,而根目录没有父目录,具体流程如图 4-91 所示。

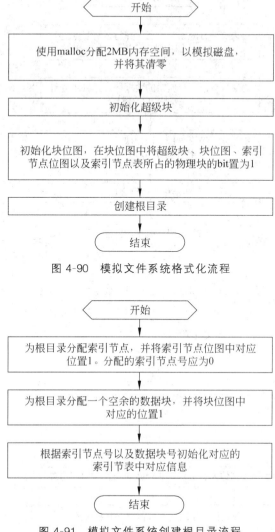

图 4-90　模拟文件系统格式化流程

图 4-91　模拟文件系统创建根目录流程

（3）文件创建

文件创建流程和根目录创建流程类似,但需要将该文件目录项的内容加入到该文件的父目录中。由于模拟文件系统中,目录和文件都被当作文件处理,因此,文件创建函数也可用于目录创建,流程如图 4-92 所示。

（4）文件删除

文件删除功能主要是释放文件所分配的数据块以及索引节点,同时删除所在父目录中的目录项。由于目录项采用成组顺序存储方法,因此在该文件后面的目录项应依次前移,这可能需要遍历父目录的多个物理块;如果前移之后,父目录中存在已分配但没有被使用的数据块,则应释放该数据块,流程如图 4-93 所示。

（5）文件读取及写入

文件读取及写入比较简单,重点在于对文件所分配的数据块的操作。

① 文件的读取,可能需要遍历文件所分配的数据块,以读取所需要的信息。

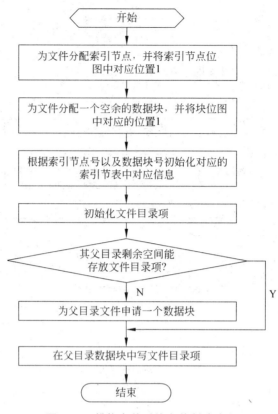

图 4-92　模拟文件系统文件创建流程

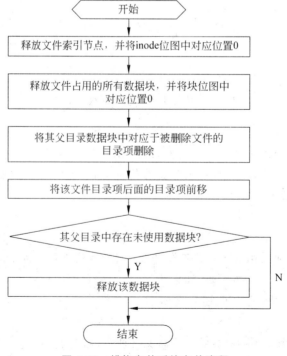

图 4-93　模拟文件系统文件流程

②　文件的写入,需要判断当前数据块中剩余空间是否满足需要写入数据长度的要求,如果不满足,需要为该文件申请新的数据块。在本模拟文件系统实现中,将文件写入数据结束位置之后的数据全部清除,以支持文件重新写入以及清空的功能,这就需要在数据清除后,释放文件中没有被使用的数据块。

（6）主程序

主程序的主要工作是格式化文件系统、初始化用户子目录、处理用户登录,然后解析用户输入的命令,根据命令进行相应的处理,流程如图 4-94 所示。

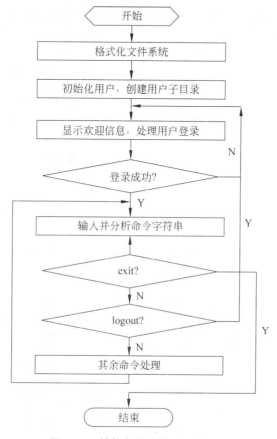

图 4-94　模拟文件系统主程序流程

3. 示例代码

1）头文件、宏定义及全局变量

本模拟文件系统根据自身的布局定义了全局变量,为灵活更改,还定义了大量的宏来处理常用常量以及简单计算。

（1）头文件

```
#include <stdio.h>
#include <stdlib.h>
#include <malloc.h>
#include <string.h>
```

（2）宏定义

```
#define BLOCK_SIZE 512                    //磁盘块的大小为 512B
#define BLOCK_TOTAL(BLOCK_SIZE * 8)       //磁盘块的总数
#define INODE_TOTAL 1024                  //最多支持 1024 个文件及目录
//inode 表所占的磁盘块数量
#define INODE_TABLE_BLOCK(INODE_TOTAL * sizeof(structd_inode)/BLOCK_SIZE+1)
//每个文件(包括目录文件)最多占 8 个磁盘块,也即每个文件最大 4KB
#define MAX_FILE_BLOCK 8
#define DIR_PER_BLOCK(BLOCK_SIZE/sizeof(struct direct_item))    //块内目录项数
//每个目录下最大文件及目录数量
#define MAX_DIR_FILE(MAX_FILE_BLOCK * DIR_PER_BLOCK)
#define FILENAME_LEN 14                   //文件名(目录)长度
#define USERNAME_LEN 8                    //用户名长度
#define PASSWD_LEN 8                      //用户密码长度
#define TYPE_FILE 1                       //文件
#define TYPE_DIR 2                        //目录
#define MOD_RO 1                          //文件只读
#define MOD_WO 2                          //文件只写
#define MOD_RW 3                          //文件可读写,默认属性
#define MAX_OPEN_FILE 10                  //最多同时打开的文件
#define USER_NUMBER 6                     //用户数
```

（3）全局变量

超级块、索引节点、目录项、文件打开表和用户信息表的数据结构分别见前面参考设计思路部分的 struct d_super_block、struct d_inode、struct direct_item、struct f_inode fopen_table[MAX_OPEN_FILE]和 struct user_info user_table[USER_NUMBER]，其他全局变量如下。

```
unsigned char * disk_ptr=NULL;            //模拟磁盘的内存空间起始地址
struct d_super_block * super_block=NULL;  //超级块的首地址
unsigned char * block_bitmap=NULL;        //块位图首地址
unsigned char * inode_bitmap=NULL;        //inode 位图首地址
struct d_inode * inode_table=NULL;        //inode 表的首地址
unsigned char * data_block=NULL;          //文件数据块的首地址
unsigned short cur_dir_inode=0;           //当前目录所在的 inode 号,默认为根目录
```

2）函数申明

除主程序外,模拟文件系统中的函数分为内部核心函数(包括格式化、用户初始化、inode 分配、物理块分配、文件创建及删除函数、文件读写函数等 14 个)、用户接口函数(调用内部核心函数,实现用户命令接口等 12 个)和命令解析处理函数(包括命令字符串解析、命令处理等接口函数等 4 个)三大类,其申明代码如下。

（1）内部核心函数申明

```
int format();                  /* 文件系统格式化,成功返回 1,失败返回-1 */
int user_init();               /* 用户信息初始化,成功返回 1,失败返回-1 */
```

```
int alloc_inode();                    /* 分配一个 inode,成功返回 inode 号,失败返回-1 */
void free_inode(unsigned short inode);      /* 释放一个 inode */
int alloc_block();                     /* 分配一个可用的 block,成功返回 block 号,失败返回-1 */
void free_block(unsigned short block);        /* 释放一个 block */
/* 在 cdinode 下找 name 文件,返回 inode 或-1 */
int find(char * name, unsigned short cdinode);
/* 对 inode 文件的 limit 读写权的许可,返 1 或-1 */
int access(unsigned short inode, int limit);
int sys_create_root();    /* 创建根目录,成功返回根目录的 inode 号,应是 0,失败返回-1 */
//在 cdinode 下创建空文件或目录,默认分配一个块,成功返 inode 号,失败返回-1
int sys_create_file(int flag, char * name, unsigned short cdinode);
//在 cdinode 目录下删除 inode 文件或目录(目录需空),成功返回 inode 号,失败返回-1
int sys_delete_file(unsigned short inode, unsigned short cdinode);
//把 buf 的数据,从 pos 处(-1 指尾部),写入 inode 所指文件,返回写入的数量
int sys_write_file(unsigned short inode, int pos, const char * buf);
//从 inode 所指文件的 pos 处读取 len 个字符到 buf,返回成功读取的数据长度
int sys_read_file(unsigned short inode, int pos, int len, char * buf);
int sys_show_dir(unsigned short cdinode); /* 列出 cdinoe 目录的信息,返回其下文件数量 */
```

（2）用户接口函数

```
int login(char * username, char * passwd); /* 用户登录,成功返回用户 id,失败返回-1 */
void logout();                         /* 注销用户 */
void show_dir();                       /* 显示当前目录的文件信息 */
/* 在当前目录下创建文件,成功返回文件 inode,失败返回-1 */
int create_file(char * name);
int delete_file(char * name);   /* 在当前目录下删除文件,成功返回文件 inode,失败返回-1 */
//以 oflag 方式打开当前目录下 name 文件,成功返回文件描述符 fd,失败返回-1
int open_file(char * name, int oflag);
int close_file(int fd);            /* 关闭打开的文件,失败返回-1,成功返回 fd */
/* 从文件 fd 读取 len 个字符到 buf,返回所读长度 */
int read_file(int fd, int len, char * buf);
/* 把 buf 的字符写入文件 fd,返回写入的字符长度 */
int write_file(int fd, const char * buf);
int seek_file(int fd, int pos);   /* 更改文件的读写位置,成功返回 1,失败返回-1 */
int chmod(char * name, int mod);  /* 更改文件 name 的访问属性 mod,成功返回 1,失败返回-1 */
void showhelp();                      /* 显示命令帮助信息 */
```

（3）命令解析及处理函数

```
//解析字符串 str,获取命令 cmd、第一个参数 para1、第二个参数 para2
void parase_str(char * str, char * cmd, char * para1, char * para2);
//命令处理,如是 logout 命令,返回 1,如是 exit 命令,返回 2,其余返回 0
int cmd_handle();
void welcome();                       /* 显示欢迎登录信息 */
```

```
void flush_stdin();          /* 清除 stdin 缓冲区信息,避免影响后续输入 */
```

3) 主程序

```
int main()
{
    int result;
    //文件系统格式化
    if(-1==format()){
        printf("file system format failed!\n");
        return 0;
    }
    //用户初始化,创建用户目录
    if(-1==user_init()){
        printf("user initialize failed!\n");
        return 0;
    }
welc:
    //欢迎及登录
    welcome();
    flush_stdin();                    //清空输入缓存
    while(1){
        printf("fs:>");               //命令提示符
        result=cmd_handle();          //输入命令并处理
        if(result==1){                //登出
            goto welc;
        }else if(result==2){          //退出
            return 1;
        }
    }
    return 1;
}
```

4) 内部核心函数

(1) 文件系统格式化。

```
int format()
{
    int i, j;
    //申请磁盘空间,如果当前已经分配内存,先释放
    if(disk_ptr){
        free(disk_ptr);
        disk_ptr=NULL;
    }
    //申请 2MB 的内存空间,模拟磁盘
    disk_ptr=(unsigned char *)malloc(BLOCK_TOTAL * BLOCK_SIZE * sizeof(unsigned
    char));
```

```
    if(!disk_ptr){
        printf("failed to alloc memory.\n");
        return -1;
    }
    //将所有数据清零
    memset(disk_ptr, 0, BLOCK_TOTAL * BLOCK_SIZE * sizeof(unsigned char));
    //第一个 block 是超级块
    super_block= (struct d_super_block * )disk_ptr;
    super_block->s_inodes_used=0;
    super_block->s_inodes_free=INODE_TOTAL;
    //前三个 block 分别为超级块、block 位图、inode 位图,后接 inode table
    super_block->s_blocks_used=3+INODE_TABLE_BLOCK;
    super_block->s_blocks_free=BLOCK_TOTAL-super_block->s_blocks_used;
    //第二个 block 是 block bitmap
    block_bitmap= (unsigned char * )(disk_ptr+BLOCK_SIZE);
    //初始化超级块、blockbitmap、inodebitmap 以及 inode table 所占的 block 位图
    for(i=0; i< (3+INODE_TABLE_BLOCK) / 8; i++){
        *(block_bitmap+i)=0xFF;
    }
    for(j=0; j< (3+INODE_TABLE_BLOCK) %8; j++){
        *(block_bitmap+i) |= (1<<j);
    }
    //第三个 block 是 inode bitmap
    inode_bitmap= (unsigned char * )(disk_ptr+2 * BLOCK_SIZE);
    //从第四个 block 开始,是 inode table
    inode_table= (struct d_inode * )(disk_ptr+3 * BLOCK_SIZE);
    //inode table 后面是数据块
    data_block= (unsigned char * )((unsigned char * )inode_table+INODE_TABLE_
    BLOCK * BLOCK_SIZE);
    //建立根目录
    if(sys_create_root()==-1){
        printf("failed to create root.\n");
        return -1;
    }
    cur_dir_inode=0;                              //设置当前目录为根目录
                                                  //初始化文件打开表
    memset(fopen_table, 0, sizeof(struct f_inode) * MAX_OPEN_FILE);
    return 1;
}
```

(2) 用户信息初始化,含用户名、密码初始化,及用户子目录创建,成功返回1,失败返回-1。

```
int user_init()
{
    int i, inode;
    memset(user_table, 0, USER_NUMBER * sizeof(struct user_info));
```

```
        for(i=0; i<USER_NUMBER; i++){
            user_table[i].u_id=i;
            sprintf(user_table[i].u_name, "user%d", i);
            sprintf(user_table[i].u_pwd, "user%d", i);
            inode=sys_create_file(TYPE_DIR, user_table[i].u_name, 0);    //创建用户子目录
            if(inode==-1){
                printf("create user directory failed.\n");
                return -1;
            }
            user_table[i].u_inode=inode;
        }
        return 1;
    }
```

（3）分配一个 inode，并初始化 inode bitmap，成功返回 inode 号，失败返回-1。

```
int alloc_inode()
{
    int i=0, j=0, ret=0;
    if(super_block->s_inodes_free<=0){            //如果没有可用 inode，直接返回-1
        return-1;
    }
    for(i=0; i<INODE_TOTAL/8; i++){                //inode bitmap 占字节数为 INODE_TOTAL/8
        if(inode_bitmap[i] !=0xFF){
            ret=i * 8;
            for(j=0; j<8; j++){
                if((inode_bitmap[i] &(1<<j))==0){
                    ret+=j;
                    inode_bitmap[i]|=(1<<j);    //初始化 inode bitmap 位为 1
                    super_block->s_inodes_used+=1;
                    super_block->s_inodes_free-=1;
                    return ret;
                }
            }
        }
    }
    return -1;
}
```

（4）释放一个 inode，将对应的 inode bitmap 置 0。

```
void free_inode(unsigned short inode)
{
    int i=inode/8;
    int j=inode%8;
                                            //如果当前 inode bitmap 位不为 0，则将其置 0
    if((inode_bitmap[i] &(1<<j))>0){
```

```
        inode_bitmap[i] &= (~(1<<j));
        super_block->s_inodes_used-=1;
        super_block->s_inodes_free+=1;
    }
                                        //将 inode_table[inode]清零
    memset(inode_table+inode, 0, sizeof(struct d_inode));
}
```

（5）分配一个可用的 block，失败返回-1，成功返回 block 号。

```
int alloc_block()
{
    int i=0, j=0, ret=0;
    if(super_block->s_blocks_free<=0){          //如无可用 block,返回-1
        return -1;
    }
    for(i=0; i<BLOCK_TOTAL/8; i++){
        if(block_bitmap[i] !=0xFF){
            ret=i * 8;
            for(j=0; j<8; j++){
                if((block_bitmap[i] &(1<<j))==0){
                    ret+=j;
                    block_bitmap[i]|=(1<<j);          //初始化 block bitmap 位为 1
                    super_block->s_blocks_used+=1;
                    super_block->s_blocks_free-=1;
                    return ret;
                }
            }
        }
    }
    return -1;
}
```

（6）释放一个 block 号，将对应的 block bitmap 置 0。

```
void free_block(unsigned short block)
{
    int i=block/8;
    int j=block%8;
    if((block_bitmap[i] &(1<<j))>0){          //如果当前 block bitmap 位不为 0,则将其置 0
        block_bitmap[i] &= (~(1<<j));
        super_block->s_blocks_used-=1;
        super_block->s_blocks_free+=1;
    }
    memset(disk_ptr+block * BLOCK_SIZE, 0, BLOCK_SIZE);          //将释放的 block 清零
}
```

（7）在 cdinode 目录下寻找 name 文件或目录，成功返回该文件的 inode，失败返回-1。

```
int find(char * name, unsigned short cdinode)
{
    int i, j, count=0;
    struct direct_item * fcb;

    for(i=0; i<MAX_FILE_BLOCK; i++){
        if(inode_table[cdinode].i_addr[i] !=-1){
            for(j=0; j<DIR_PER_BLOCK; j++){
                if(count >=inode_table[cdinode].i_size){
                    return -1;
                }
                fcb=(struct direct_item * )(disk_ptr+inode_table[cdinode].i_addr
                [i] * BLOCK_SIZE)+j;
                if(strcmp(name, fcb->d_name)==0){
                    return fcb->d_inode;
                }
                count++;                      //如查找到最后一个文件,仍没找到,直接返回-1
            }
        }else{
            break;
        }
    }
    return -1;
}
```

（8）对 inode 所指文件的读写权限 limit 进行许可，如允许，返回 1，否则返回-1。

```
int access(unsigned short inode, int limit)
{
    struct d_inode * fnode=&inode_table[inode];
    switch(limit){
    case 1:
        if(fnode->i_mod !=MOD_WO){
            return 1;
        }
        break;
    case 2:
        if(fnode->i_mod !=MOD_RO){
            return 1;
        }
        break;
    case 3:
        if(fnode->i_mod==MOD_RW){
            return 1;
        }
        break;
```

```
        default:
            break;
    }
    return -1;
}
```

（9）创建根目录,成功返回根目录使用的 inode 号,即 0,失败返回-1。

```
int sys_create_root()
{
    int i, inode=-1, block=-1;
    inode=alloc_inode();                    //分配 inode
    if(inode !=0){                          //根目录获得的 inode 应为 0
        printf("alloc inode error!\n");
        goto failed;
    }
    block=alloc_block();                    //分配可用 block
    if(block==-1){
        printf("alloc block error!\n");
        goto failed;
    }
    //初始化根目录 inode
    inode_table[inode].i_type=TYPE_DIR;
    inode_table[inode].i_mod=3;             //默认可读写
    inode_table[inode].i_size=0;            //默认文件大小为 0
    //为根目录分配一个 block,剩余的直接索引置为-1
    inode_table[inode].i_addr[0]=block;
    for(i=1; i<MAX_FILE_BLOCK; i++){
        inode_table[inode].i_addr[i]=-1;
    }
    return inode;
failed:
    if(inode >=0){
        free_inode(inode);
    }
    if(block >=0){
        free_block(block);
    }
    return -1;
}
```

（10）在 cdinode 目录下创建空文件或空目录 name,成功返回文件 inode 号,失败返回-1。

```
int sys_create_file(int flag, char * name, unsigned short cdinode)
{
    int i, m, n, inode=-1, block=-1, block1=-1;
```

```
struct direct_item fcb;
unsigned char * ptr=NULL;
if(strlen(name)>FILENAME_LEN){          //文件名长度超过限值
    printf("file name exceed %d.\n", FILENAME_LEN);
    goto failed;
}
if(find(name, cdinode) !=-1){           //该目录下已存在相同名字的文件
    printf("file %s existed\n", name);
    goto failed;
}
if(inode_table[cdinode].i_type !=TYPE_DIR){      //cdinode 必须指向一个目录
    printf("parent directory parameter error.\n");
    goto failed;
}
if(inode_table[cdinode].i_size==MAX_DIR_FILE){
                                    //如果目录容量达到上限,不许创建
    printf("the number of file or directory arrived up limited.\n");
    goto failed;
}
inode=alloc_inode();                        //分配 inode
if(inode==-1){
    printf("failed alloc inode!\n");
    goto failed;
}
block=alloc_block();                        //分配一个可用 block
if(block==-1){
    printf("failed alloc block!\n");
    goto failed;
}
//初始化目录 inode
inode_table[inode].i_type=flag;             //flag:1代表文件,2代表目录
inode_table[inode].i_mod=3;                 //默认可读写
inode_table[inode].i_size=0;                //文件大小为 0
//默认为该文件或目录分配一个 block,剩余的直接索引置为-1
inode_table[inode].i_addr[0]=block;
for(i=1; i<MAX_FILE_BLOCK; i++){
    inode_table[inode].i_addr[i]=-1;
}
//初始化目录项
memset(&fcb, 0, sizeof(struct direct_item));
strcpy(fcb.d_name, name);
fcb.d_inode=inode;
m=inode_table[cdinode].i_size /(BLOCK_SIZE/sizeof(struct direct_item));
n=inode_table[cdinode].i_size % (BLOCK_SIZE/sizeof(struct direct_item));
if(n !=0){                          //当前目录项未占满最后一个块,则在最后追加
```

```
            ptr=disk_ptr+inode_table[cdinode].i_addr[m] * BLOCK_SIZE + n * sizeof
            (struct direct_item);
        }
        else{                           //当前目录项占满最后一个块,则需分配一个block,然后再追加
            if(m==0){                               //该目录下没有任何文件
                ptr=disk_ptr+inode_table[cdinode].i_addr[0] * BLOCK_SIZE;
            }
            else{                                   //需要先申请一个BLOCK
                block1=alloc_block();
                if(block1==-1){
                    printf("alloc block for parent directory failed.\n");
                    goto failed;
                }
                inode_table[cdinode].i_addr[m+1]=block1;
                ptr=disk_ptr+block1 * BLOCK_SIZE+n * sizeof(struct direct_item);
            }
        }
        memcpy(ptr, &fcb, sizeof(struct direct_item));
                                        //将目录项 fcb 追加到 cdinode 目录的块中
        inode_table[cdinode].i_size+=1;
        return inode;
    failed:
        if(inode !=-1){
            free_inode(inode);
        }
        if(block !=-1){
            free_block(block);
        }
        if(block1 !=-1){
            free_block(block1);
        }
        return -1;
    }
```

(11) 在 cdinode 下删除 inode 所指文件或目录,成功返回被删文件的 inode,失败返回-1。

```
int sys_delete_file(unsigned short inode, unsigned short cdinode)
{
    int i, j, block, m, n, found=0;
    struct direct_item * fcb, * fcb1;
    if(inode_table[inode].i_type==TYPE_DIR && inode_table[inode].i_size !=0)
    {
        printf("directory not empty!\n");
        return -1;
    }
```

```
//将该文件的目录项从其父目录中删除,其后目录项整体前移
for(i=0; i<MAX_FILE_BLOCK; i++){
    block=inode_table[cdinode].i_addr[i];
    if(block !=-1){
        fcb=(struct direct_item * )(disk_ptr+block * BLOCK_SIZE);
        if(found==0){                          //如果没找到,继续寻找
            for(j=0; j<DIR_PER_BLOCK; j++){
                if((fcb+j)->d_inode==inode){
                    found=1;
                    break;
                }
            }
        }
                                   //如果找到,后续的前移,并将该BLOCK的最后一个fcb清零
        if(found==1){
            if(j<DIR_PER_BLOCK-1){
            memcpy(fcb+j, fcb+j+1,(DIR_PER_BLOCK-j-1) * sizeof(struct
            direct_item));
            }
        memset(fcb+DIR_PER_BLOCK-1, 0, sizeof(struct direct_item));
        }
    }else{                        //将该block的第一个fcb移动到前一个block的最后
        fcb1=(struct direct_item * )(disk_ptr+inode_table[cdinode].i_
        addr[i-1] * BLOCK_SIZE)+DIR_PER_BLOCK-1;
        memcpy(fcb1, fcb, sizeof(struct direct_item));
                        //后续前移,最后一个fbc清零
        memcpy(fcb, fcb+1,(DIR_PER_BLOCK-1) * sizeof(struct direct_item));
        memset(fcb+DIR_PER_BLOCK-1, 0, sizeof(struct direct_item));
    }
}
}
if(found==1){
    inode_table[cdinode].i_size-=1;
    //如果删除后,该目录已分配的最后一个BLOCK为空,则应释放
    m=inode_table[cdinode].i_size/DIR_PER_BLOCK;
    n=inode_table[cdinode].i_size %DIR_PER_BLOCK;
    if(n>0){
        m+=1;
    }
    if(m>0 && m<MAX_FILE_BLOCK && inode_table[cdinode].i_addr[m] >=0){
        free_block(inode_table[cdinode].i_addr[m]);
    }
}else{
    printf("already deleted? \n");
    return-1;
}
```

```
    for(i=0; i<MAX_FILE_BLOCK; i++){              //删除该文件所占的BLOCK
        block=inode_table[inode].i_addr[i];
        if(block !=-1){
            free_block(block);
        }else{
            break;
        }
    }
    free_inode(inode);                            //释放该文件所占的inode
    return inode;
}
```

(12) 把 buf 的数据，从 pos 处(-1 指尾部)，写入 inode 所指文件，返回写入的数量。

```
int sys_write_file(unsigned short inode, int pos, const char * buf)
{
    int buflen, block, wlen=0, m, n, i, j;
    struct d_inode * fnode=&inode_table[inode];
    if(fnode->i_type !=TYPE_FILE){
        printf("it is not a file!\n");
        return wlen;
    }
    if(pos>fnode->i_size||pos==-1){
        pos=fnode->i_size;
    }else if(pos<0){
        pos=0;
    }
    buflen=strlen(buf);
    //根据写入后的文件长度，判断是否要为其分配block
    while(wlen<buflen){
        m= (pos+wlen)/BLOCK_SIZE;
        n= (pos+wlen) %BLOCK_SIZE;
        if(n>0){                                  //向m表示的block后面追加
            i= (buflen-wlen)<(BLOCK_SIZE-n)? buflen-wlen : BLOCK_SIZE-n;
            memcpy(disk_ptr+fnode->i_addr[m] * BLOCK_SIZE+n, buf+wlen, i);
            wlen+=i;
        }else{                                    //可能需要申请block
            if(m==0){                             //空文件
                block=fnode->i_addr[0];
            }else{
                if(fnode->i_addr[m]==-1){ //需要申请block
                    block=alloc_block();
                    if(block==-1){
                        break;
                    }
                    fnode->i_addr[m]=block;
```

```
                }else{
                    block=fnode->i_addr[m];
                }
            }
            i=(buflen-wlen)<BLOCK_SIZE? buflen-wlen : BLOCK_SIZE;
            memcpy(disk_ptr+block*BLOCK_SIZE, buf+wlen, i);
            wlen+=i;
        }
    }
    //根据文件长度,判断是否要释放多余的 block
    fnode->i_size=pos+wlen;
    m=fnode->i_size/BLOCK_SIZE;
    n=fnode->i_size%BLOCK_SIZE;
    //第 0 个 block 不允许被删除
    if(n>0||m==0){
        m=m+1;
    }
    for(j=m ; j<MAX_FILE_BLOCK; j++){
        if(fnode->i_addr[j]>=0){
            free_block(fnode->i_addr[j]);
            fnode->i_addr[j]=-1;
        }
    }
}
    return wlen;
}
```

(13) 从 inode 所指文件的 pos 处读取 len 个字符到 buf,返回成功读取的数据长度。

```
int sys_read_file(unsigned short inode, int pos, int len, char * buf)
{
    int rlen=0, m, n, i;
    struct d_inode * fnode=&inode_table[inode];
    if(fnode->i_type !=TYPE_FILE){
        printf("it is not a file!\n");
        return rlen;
    }
    if(pos>fnode->i_size||pos==-1){
        pos=fnode->i_size;
    }else if(pos<0){
        pos=0;
    }
    if(fnode->i_size<=pos){
        return rlen;
    }
    len=(fnode->i_size-pos)<len? (fnode->i_size-pos) : len;
    while(rlen<len){
```

```
        m=(pos+rlen)/BLOCK_SIZE;
        n=(pos+rlen)%BLOCK_SIZE;
        i=(len-rlen)<(BLOCK_SIZE-n)? len-rlen : BLOCK_SIZE-n;
        memcpy(buf+rlen, disk_ptr+fnode->i_addr[m] * BLOCK_SIZE+n, i);
        rlen+=i;
    }
    return rlen;
}
```

（14）列出 cdinoe 指向的目录的信息，返回该目录下文件数量。

```
int sys_show_dir(unsigned short cdinode)
{
    int i=0, j=0, count=0;
    struct direct_item * fcb=NULL;
    if(inode_table[cdinode].i_type !=TYPE_DIR){
        printf("it is not directory!\n");
        return 0;
    }
    printf("type\tsize\tmod\tinode\tblock\tname\n");
    for(i=0; i<MAX_FILE_BLOCK; i++){
        if(inode_table[cdinode].i_addr[i] !=-1){
            fcb=(struct direct_item * )(disk_ptr +inode_table[cdinode].i_addr[i]
            * BLOCK_SIZE);
            for(j=0; j<DIR_PER_BLOCK; j++){
                if(count >=inode_table[cdinode].i_size){
                    break;
                }
                //类型及 size 属性
                switch(inode_table[(fcb+j)->d_inode].i_type){
                case TYPE_DIR:
                    printf("%s\t \t", "<dir>");
                    break;
                case TYPE_FILE:
                    printf("%s\t%d\t", "file", inode_table[(fcb+j)->d_inode].i_
size);
                    break;
                default:
                    printf("--\t--\t");
                    break;
                }
                //读写属性
                switch(inode_table[(fcb+j)->d_inode].i_mod){
                case MOD_RO:
                    printf("%s\t", "r");
                    break;
```

```
        case MOD_WO:
            printf("%s\t", "w");
            break;
        case MOD_RW:
            printf("%s\t", "rw");
            break;
        default:
            printf("--\t");
            break;
        }
        //inode 号
        printf("%d\t",(fcb+j)->d_inode);
        printf("%d\t", inode_table[(fcb+j)->d_inode].i_addr[0]);
                                                    //首个 BLOCK 地址
        printf("%s\t",(fcb+j)->d_name);             //文件名
        printf("\n");
        count++;
        }
    }
    }
    printf("Total %d\n", inode_table[cdinode].i_size);
    return inode_table[cdinode].i_size;
}
```

5）用户接口函数

（1）用户登录，默认进入该用户的目录，成功返回用户 id，失败返回-1。

```
int login(char * username, char * passwd)
{
    int i;
    for(i=0; i<USER_NUMBER; i++){
        //比较用户名和密码是否相等
        if(strcmp(username, user_table[i].u_name)==0
        && strcmp(passwd, user_table[i].u_pwd)==0){
        //将当前目录设置为该用户子目录
            cur_dir_inode=user_table[i].u_inode;
            return i;
        }
    }
    return-1;
}
```

（2）注销用户。

```
void logout()
{
    cur_dir_inode=0;
```

```
}
```

(3) 显示当前目录的文件信息。

```
void show_dir()
{
    sys_show_dir(cur_dir_inode);
}
```

(4) 在当前目录下创建空文件,成功返回该文件inode,失败返回-1。

```
int create_file(char * name)
{
    int inode;
    //首先判断文件是否存在,如果存在,直接返回
    inode=find(name, cur_dir_inode);
    if(inode !=-1){
        printf("file exist!\n");
        return-1;
    }
    return sys_create_file(TYPE_FILE, name, cur_dir_inode);       //创建文件
}
```

(5) 删除当前目录下的文件,成功返回被删除文件inode,失败返回-1。

```
int delete_file(char * name)
{
    int inode=-1, i;
    //首先判断文件是否存在,如果不存在,直接返回
    inode=find(name, cur_dir_inode);
    if(-1==inode){
        printf("file not exist!\n");
        return -1;
    }
    //判断是否有写的权限,如果没有写的权限,不允许删除
    if(-1==access(inode, MOD_WO)){
        printf("permission denied!\n");
        return -1;
    }
    //判断文件是否打开,如果打开,不允许删除
    for(i=0; i<MAX_OPEN_FILE; i++){
        if(fopen_table[i].f_valid && fopen_table[i].f_nodeid==inode){
            printf("can not delete opened file!\n");
            return -1;
        }
    }
    return sys_delete_file(inode, cur_dir_inode);
}
```

（6）以 oflag 方式打开当前目录下 name 文件,成功返回文件描述符 fd,失败返回-1。

```
int open_file(char * name, int oflag)            //oflag: 1:只读,2: 只写,3: 读写
{
    int inode, i, fd=-1;
    inode=find(name, cur_dir_inode);
    if(inode==-1){
        printf("%s not exist!\n");
        return -1;
    }
    if(-1==access(inode, oflag)){
        printf("permission denied!\n");
        return -1;
    }
    //首先检索 fopen_table,判断该文件是否打开
    for(i=0; i<MAX_OPEN_FILE; i++){
        if(fopen_table[i].f_valid==1
            && fopen_table[i].f_nodeid==inode
            && fopen_table[i].f_oflag==oflag){
            fd=i;
            break;
        }
    }
    //如果没有打开,要打开该文件
    if(fd==-1){
        for(i=0; i<MAX_OPEN_FILE; i++){
            if(fopen_table[i].f_valid==0){
                fopen_table[i].f_valid=1;
                fopen_table[i].f_nodeid=inode;
                fopen_table[i].f_pos=0;
                fopen_table[i].f_oflag=oflag;
                fd=i;
                break;
            }
        }
    }
    return fd;
}
```

（7）关闭打开的文件,成功返回关闭文件的描述符的 fd,失败返回-1。

```
int close_file(int fd)
{
    if(fd<0||fd >=MAX_OPEN_FILE){
        printf("fd must >0 and<%d.\n", MAX_OPEN_FILE);
        return -1;
```

```
        }
        if(fopen_table[fd].f_valid !=1){
            printf("file with %d not opened.\n", fd);
            return -1;
        }
        memset(&fopen_table[fd], 0, sizeof(struct f_inode));
        return fd;
}
```

(8) 从文件 fd 读取 len 个字符到 buf,返回所读字符的长度。

```
int read_file(int fd, int len, char * buf)
{
        int inode=-1, pos, rlen=0;
        if(fd<0||fd >=MAX_OPEN_FILE){
            return 0;
        }
        //首先获取 inode
        if(fopen_table[fd].f_valid==1 && fopen_table[fd].f_oflag !=MOD_WO){
            inode=fopen_table[fd].f_nodeid;
            pos=fopen_table[fd].f_pos;
        }else{
            printf("file not opened or permission denied.\n");
            return 0;
        }
        rlen=sys_read_file(inode, pos, len, buf);
        printf("read %d\n", rlen);
        return rlen;
}
```

(9) 把 buf 的字符写入文件 fd,返回写入的字符长度。

```
int write_file(int fd, const char * buf)
{
        int inode=-1, pos, wlen=0;
        if(fd<0||fd >=MAX_OPEN_FILE){
            return 0;
        }
        //首先获取 inode
        if(fopen_table[fd].f_valid==1 && fopen_table[fd].f_oflag !=MOD_RO){
            inode=fopen_table[fd].f_nodeid;
            pos=fopen_table[fd].f_pos;
        }else{
            printf("file not opened or permission denied.\n");
            return 0;
        }
        wlen=sys_write_file(inode, pos, buf);
```

```
        printf("write %d\n", wlen);
        return wlen;
    }
```

（10）更改文件 fd 的读写位置 pos(-1 表示文件尾)，成功返回 1，失败返回-1。

```
int seek_file(int fd, int pos)
{
    if(fd<MAX_OPEN_FILE && fopen_table[fd].f_valid==1){
        if(pos==-1){                    //如果 pos 为-1,则到文件尾
            pos=inode_table[fopen_table[fd].f_nodeid].i_size;
        }else if(pos<0){
            pos=0;
        }
        fopen_table[fd].f_pos=pos;
        return 1;
    }
    return -1;
}
```

（11）更改文件 name 的访问属性 mod(1：只读，2：只写，3：读写)，成功返回 1，失败返回-1。

```
int chmod(char * name, int mod)
{
    int inode=-1;
    struct d_inode * fnode;
        inode=find(name, cur_dir_inode);
    if(inode==-1){
        printf("%s not exist!\n");
        return -1;
    }
    fnode=&inode_table[inode];
    if(mod==MOD_RO||mod==MOD_WO||mod==MOD_RW){        //即只读、只写、读写
        fnode->i_mod=mod;
    }
    return 1;
}
```

（12）显示命令帮助信息。

```
void showhelp()
{
    printf("******************command help*************************\n");
    printf("*help \t\tshow help                                    \n");
    printf("*dir \t\tshow files of current directory               \n");
    printf("*create [name]\t\tcreate a file                        \n");
    printf("*del [name]\t\tdelete the file                         \n");
```

```
    printf("*open [name] [attr]\topen file, return file handle);
    printf("* attr: 1:read only, 2: write only, 3: read and write \n");
    printf("*close [fd]\t\tclose file, fd is file handle        \n");
    printf("*read [fd] [len]\tread file, fd is file handle      \n");
    printf("*write [fd] [content]\twrite file, fd is file handle \n");
    printf("*seek [fd] [pos]\tchange read or read position      \n");
    printf("* -1: end of file                                   \n");
    printf("*chmod [name] [attr]\tchange attr of file           \n");
    printf("* attr: 1:read only, 2: write only, 3: read and write \n");
    printf("*logout \t\tlogout                                  \n");
    printf("*exit \t\texit system                               \n");
    printf("***********************************************************\n");
}
```

6) 命令解析处理函数

(1) 解析字符串，获取命令、第一个参数及第二个参数。

```
void parase_str(char * str, char * cmd, char * para1, char * para2)
{
    int i=0;
    sscanf(str, "%s", cmd);
    str+=strlen(cmd);
    if(* str==0){
        return;
    }
    while(* str==' '|| * str=='\t'){          //去掉前面的空格
        str++;
    }
    if(* str !=0){                            //试图解析第二个参数
        sscanf(str, "%s", para1);
        str+=strlen(para1);
    }
    while(* str==' '|| * str=='\t'){          //去掉前面的空格
        str++;
    }
    strcpy(para2, str);                       //将后面的内容全部复制到参数 2
    return;
}
```

(2) 显示欢迎登录信息。

```
void welcome()
{
    int result;
    char user[USERNAME_LEN], pwd[PASSWD_LEN];
    memset(user, 0, USERNAME_LEN);
    memset(pwd, 0, PASSWD_LEN);
```

```
        printf("welcome to file system! please login.there are six user:\n");
        printf("user0--user5, and the password is same as username.\n");
login:
    printf("username: ");
    scanf("%s", user);
    printf("password: ");
    scanf("%s", pwd);
    result=login(user, pwd);
    if(result==-1){
        printf("user name or password fault, login again!\n");
        goto login;
    }
    printf("welcome %s, current directory is /%s\n", user, user);
    printf("please input command. help to show help.\n");
    return;
}
```

（3）命令处理，如是 logout 命令，返回 1；如是 exit 命令，返回 2，其余返回 0。
这两个命令需要主程序额外处理，其余返回 0。

```
int cmd_handle()
{
    int attr, pos, fd, result, len;
    char input_str[128];                    //输入命令字符串
    char cmd[32];                           //输入的命令
    char para1[32];                         //输入的第一个参数
    char para2[128];                        //输入的第二个参数
    char wr_buf[128];                       //读写文件使用的缓冲区，这里限制大小为 127
    memset(input_str, 0 , 128);
    memset(cmd, 0, 32);
    memset(para1, 0, 32);
    memset(para2, 0, 128);
    memset(wr_buf, 0 , 128);
    //输入命令串，最大长度为 127
    fgets(input_str, 127, stdin);
    parase_str(input_str, cmd, para1, para2); //解析字符串
    if(strcmp(cmd, "exit")==0){              //如是 exit 命令则退出，需要主程序额外处理
        return 2;
    }else if(strcmp(cmd, "logout")==0){ //如是 logout 命令则登出，需要主程序额外处理
            logout();
            printf("logout successed!");
            return 1;
        }else if(strcmp(cmd, "help")==0){            //帮助
                showhelp();
            }else if(strcmp(cmd, "dir")==0){        //dir
                    show_dir();
```

```
        }else if(strcmp(cmd, "create")==0){        //创建文件
            if(strlen(para1)==0){
            printf("must input file name.\n");
            return 0;
        }
        if(-1==create_file(para1)){
            printf("failed to create %s.\n", para1);
            }else{
                printf("%s create successed!\n", para1);
            }
        }else if(strcmp(cmd, "del")==0){        //删除文件
            if(strlen(para1)==0){
                printf("must input file name.\n");
                return 0;
            }
            if(-1==delete_file(para1)){
                printf("failed to delete %s.\n", para1);
            }else{
                printf("%s delete successed!\n", para1);
            }
        }else if(strcmp(cmd, "open")==0){        //打开文件
            if(strlen(para1)==0||strlen(para2)==0){
                printf("must input file name and attr. \n");
                return 0;
            }else{
                sscanf(para2, "%d", &attr);
                if(attr<1||attr>3){
                    printf("attr error!\n");
                    return 0;
                }
            }
            result=open_file(para1, attr);
            if(result==-1){
                printf("failed to open %s\n", para1);
            }else{
                printf("open %s successed! the fd is %d\n", para1, result );
            }
        }else if(strcmp(cmd, "close")==0){        //关闭文件
            if(strlen(para1)==0){
                printf("must input file handle. \n");
                return 0;
            }else{
                sscanf(para1, "%d", &fd);
            }
            if(-1==close_file(fd)){
```

```
                printf("failed close file with fd=%d\n", fd);
            }else{
                printf("successed close file with fd=%d\n", fd);
            }
    }else if(strcmp(cmd, "read")==0){\          //读文件
        if(strlen(para1)==0||strlen(para2)==0){
            printf("must input fd and read length. \n");
            return 0;
        }else{
            sscanf(para1, "%d", &fd);
            sscanf(para2, "%d", &len);
            if(len<0||len>128){
                printf("read length must less than 128!\n");
                return 0;
            }
        }
        len=read_file(fd, len, wr_buf);
        printf("successed read %d char\n", len);
        printf("read content: %s", wr_buf);
    }else if(strcmp(cmd, "write")==0){          //写文件
        if(strlen(para1)==0||strlen(para2)==0){
            printf("must input fd and write content. \n");
            return 0;
        }else{
            sscanf(para1, "%d", &fd);
        }
        len=write_file(fd, para2);
        printf("successed write %d char\n", len);
    }else if(strcmp(cmd, "seek")==0){          //更改读写位置
        if(strlen(para1)==0||strlen(para2)==0){
            printf("must input fd and position. \n");
            return 0;
        }else{
            sscanf(para1, "%d", &fd);
            sscanf(para2, "%d", &pos);
        }
        if(-1==seek_file(fd, pos)){
            printf("failed to seek file.\n");
        }else{
            printf("successed to seek file.\n");
        }
    }else if(strcmp(cmd, "chmod")==0){          //更改读写属性
        if(strlen(para1)==0||strlen(para2)==0){
            printf("must input file name and attr. \n");
            return 0;
```

```
            }else{
                sscanf(para2, "%d", &attr);
                if(attr<1||attr>3){
                    printf("attr error!\n");
                    return 0;
                }
            }
            if(-1==chmod(para1, attr)){
                printf("failed to change mod.\n");
            }else{
                printf("successed to change mod.\n");
            }
        }else{
            printf("command not found!\n");
        }
    return 0;
}
```

（4）清除 stdin 缓冲区信息，避免影响后续输入。

```
void flush_stdin()
{
    int tmp;
    while((tmp=getchar()) != '\n' && tmp !=EOF);
}
```

4. 编译链接

假设该程序命名为 fssimulate. c，使用 gcc -o fssimulate fssimulate. c 即可将该程序编译为 fssimulate 目标文件。

5. 运行示例

图 4-95～图 4-98 为本模拟文件系统运行结果示例，仅给出了用户登录、创建文件、打开文件、读写文件、修改文件读写权限属性、退出登录等几个操作的运行结果。

4.4.4 为 Linux 添加一个系统调用

1. 实验说明

为了和用户空间上运行的进程进行交互，Linux 内核提供了一组接口（系统调用），透过这些接口，应用程序可以进入内核空间，进行诸如硬件设备访问等需要内核权限的操作。

本实验通过在 Linux 中添加一个简单的系统调用，帮助读者进一步理解操作系统为应用程序提供的编程接口及其工作原理，并了解内核编译的过程及步骤。

2. 系统调用基本工作原理

在 Linux 中，每个系统调用被赋予一个系统调用号，如 read 操作的系统调用号为 3。操作系统通过软中断，从用户空间进入内核空间，并通过系统调用号转向相应的系统调用处理函数。图 4-99 是一个简要的文件读取的过程示例。

```
[root@localhost code]# ./fssimulate
welcome to file system! please login.there are six user:
user0 -- user5, and the password is same as username.
username: user0                    输入用户名及密码登录
password: user0
welcome user0, current directory is /user0
please input command. help to show help.
fs:>help                           help命令
*************command help****************************
*help                    show help
*dir                     show files of current directory
*create [name]           create a file
*del    [name]           delete the file
*open   [name] [attr]    open the file, return file handle
*       attr: 1:read only, 2: write only, 3: read and write
*close  [fd]             close file, fd is file handle
*read   [fd] [len]       read file, fd is file handle
*write  [fd] [content]   write file, fd is file handle
*seek   [fd] [pos]       change read or read position
*       -1: end of file
*chmod  [name] [attr]    change attr of file
*       attr: 1:read only, 2: write only, 3: read and write
*logout                  logout
*exit                    exit system
*****************************************************
fs:>dir                            列出当前用户所有文件，当前没有文件
type    size    mod     inode   block   name
Total 0
fs:>create file1                   创建file1
file1 create successed!
fs:>create file2                   创建file2
file2 create successed!
fs:>dir                            再次列出当前用户所有文件
type    size    mod     inode   block   name
file    0       rw      7       51      file1
file    0       rw      8       52      file2
Total 2
fs:>
```

图 4-95 登录模拟文件系统并创建文件

```
fs:>open file1 3        以读写方式打开file1
open file1 successed! the fd is 0
fs:>write 0 first information    第一次向文件写入信息
write 18
successed write 18 char
fs:>seek 0 -1                    更改文件读写位置为文件尾
successed to seek file.
fs:>write 0 second information   在文件后面追加信息
write 19
successed write 19 char
fs:>seek 0 0                     更改文件读写位置为文件头
successed to seek file.
fs:>read 0 50                    试图读50个字节信息，成功读出37个字
read 37                          节信息，读出信息正是所有写入信息
successed read 37 char
read content: first information
second information
fs:>close 0                      关闭文件
successed close file with fd=0
fs:>dir                          列出文件信息，注意
type    size    mod     inode   block   name    file1的大小
file    37      rw      7       51      file1
file    0       rw      8       52      file2
Total 2
fs:>del file1                    删除file1
file1 delete successed!
fs:>dir                          再次列出文件信息
type    size    mod     inode   block   name
file    0       rw      8       52      file2
Total 1
fs:>
```

图 4-96 在模拟文件系统中打开文件并进行读写

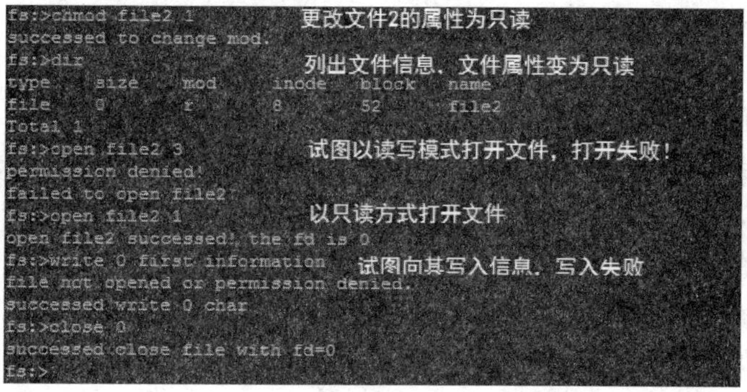

图 4-97 在模拟文件系统中修改文件读写权限

图 4-97 在模拟文件系统中修改文件读写权限

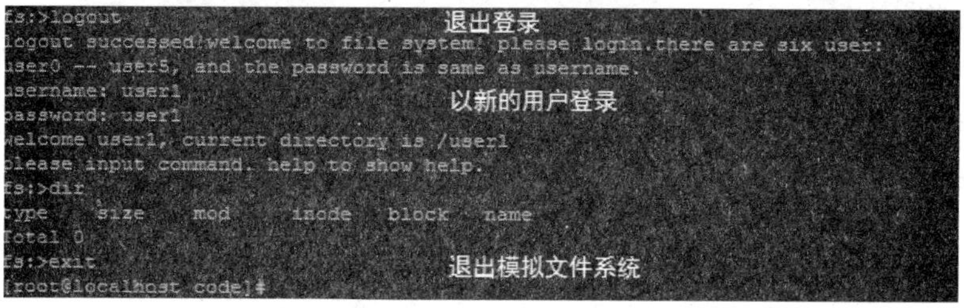

图 4-98 退出用户登录并退出模拟文件系统

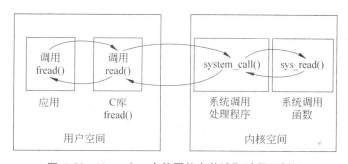

图 4-99 Linux 中一个简要的文件读取过程示例图

当应用程序调用 C 语言库函数 fread 读取某个文件时，fread 函数会调用操作系统提供的系统调用接口 read，进入内核空间。在内核空间中，system_call 函数根据系统调用号，转向真正的系统调用函数 sys_read 函数，进行真正的操作，读取结果最终逐级返回到用户调用函数 fread。

3. 系统调用添加步骤

系统调用的添加分为以下 6 个简要步骤。

（1）获取并解压内核源码（内核源码可从网上下载）。

（2）添加新的系统调用函数。

（3）定义新的系统调用号。

（4）更新系统调用表。

（5）重新编译内核。

（6）编写用户空间程序，对新添加的系统调用进行测试。

注意：添加系统调用需要 root 权限。

4. 系统调用添加示例

1）示例说明

在内核中添加自定义系统调用 mycall，该系统调用仅根据给定的参数在内核日志文件中打印一行内容，并编写一个简单的用户空间程序，对新添加的系统调用进程测试。下面详细说明每个过程的步骤。

注意：在本例中的硬件架构为 i386（32 位系统），使用的内核源码版本为 2.6.18，在实际操作中，不同的硬件平台及不同的内核版本有有不同的操作方法，如读者使用不同的硬件架构及不同的内核源码版本，请自行参考相关资料。

2）获取并解压内核源码

（1）获取内核源码。本示例使用的源代码压缩包为 linux-2.6.18.tar.bz2，读者可自行从网上下载其他版本的内核源码。

（2）一般在/usr/src 目录下编译内核源码。本示例将内核源码复制到/usr/src 目录下。

（3）解压内核源码。对于 linux-2.6.18.tar.bz2 压缩文件，使用如下带参数的 tar 命令：

```
tar -xjvf linux-2.6.18.tar.bz2
```

解压完毕后，在/usr/src 目录下会出现 linux-2.6.18 目录，其中包含的就是该版本的内核源码。

3）添加系统调用函数

编辑/usr/src/linux2.6.18/kernel/sys.c 文件，在最后添加 sys_mycall 系统调用函数。

```
asmlinkage long sys_mycall(long number)
{     //打印给定的参数。该信息仅供用户态测试程序用，故也可打印诸如"It's my sys-call"
    printk("call number is % d\n", number);
    return number;
}
```

注意：

（1）在内核代码中打印信息，请使用 printk 函数，而不是 printf 函数；

（2）系统调用为 mycall，其系统调用函数则应命名为 sys_mycall。

4）定义系统调用号

修改/usr/src/linux-2.6.18/include/asm-i386/unistd.h 文件，为 mycall 系统调用添加一个系统调用号，该系统调用号应为当前最大系统调用号加 1，同时将 NR_syscalls 的值加 1。

在本例中，/usr/src/linux-2.6.18/include/asm-i386/unistd.h 原来部分内容如下（从321 行开始）：

```
...
#define __NR_splice 313
#define __NR_sync_file_range 314
#define __NR_tee 315
```

```
#define __NR_vmsplice 316
#define __NR_move_pages 317


#ifdef __KERNEL__


#define NR_syscalls 318
…
```

以上代码显示,当前最大的系统调用号为 317,NR_syscalls 的值为 318。因此,应为 mycall 系统调用增加一个系统调用号 318,同时将 NR_syscalls 的值变为 319。如下修改 /usr/src/linux-2.6.18/include/asd-i386/unistd.h:

```
…
#define __NR_splice 313
#define __NR_sync_file_range 314
#define __NR_tee 315
#define __NR_vmsplice 316
#define __NR_move_pages 317
#define __NR_mycall 318


#ifdef __KERNEL__


#define NR_syscalls 319
…
```

5)更新系统调用表

编辑/usr/src/linux2.6.18/arch/i386/kernel/syscall_table.S,在文件最后加上一行:. long sys_mycall,修改后如下所示。

```
.long sys_tee/* 315 */
.long sys_vmsplice
.long sys_move_pages
.long sys_mycall
```

5.编译内核

以上修改完成后,需要重新编译内核。具体操作是:进入/usr/src/linux2.6.18 目录,依次执行以下命令,完成内核的配置、编译及安装等。

1)make mrproper

该命令清除所有上次编译生成文件、内核配置文件及各种配置文件,以保证有个干净的编译环境。

2)make menuconfig

进入图形化的内核配置界面,一般情况下,在出现的界面上,选择 exit,然后选择保存,退出,生成内核配置文件。

如果后续过程中编译失败,可能需要重新修改内核配置。比如当前计算机一般都使用 SATA/SAS 硬盘,而 Linux 2.6.18 默认没有将 SATA 驱动编译进内核,因此,需要进行修

改：在出现的图形化内核配置界面中,选择 Device Drivers|SCSI device support|SCSI low-level drivers,将光标移动到[ ] Serial ATA(SATA) support,按空格键,选择将其编译为模块,然后在出现的选项中,将光标移动到[ ] Intel PIIX/ICH SATA support,按空格键,选择将其编译为模块,如图 4-100 所示。

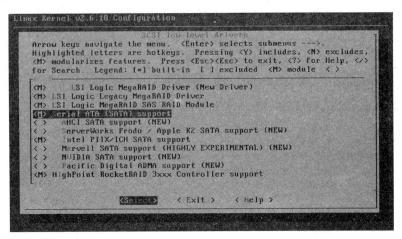

图 4-100　在 Linux 内核配置界面中添加 SATA/SAS 硬盘支持

3) make

编译内核,生成内核映像文件。

4) make modules

编译模块,在本示例中,make 操作时,实际已经编译了模块,因此此步可忽略。

5) make modules_install

安装模块,生成内核符号表。

6) make install

内核安装。内核安装主要工作是复制内核映像、符号表等到/boot 目录、生成 initrd 文件,并修改启动配置文件,如果读者对该工作熟悉,可以自行操作。但建议采用该命令进行操作。

以上所有操作结束后,查看/boot/grub/menu.lst 文件,如图 4-101 所示。在该文件中,原来的内核启动选项是 2.6.18-164-el5xen,现增加了新的内核启动选项(2.6.18),但默认启动仍是老内核(default=1),默认超时时间为 5s,也即在启动界面中,5s 内,如果不选择内

图 4-101　Linux 多引导器 grub 的内核启动选项配置界面

核,默认仍以老内核启动。可以将 default 修改为 0,默认以新内核启动。

以上操作完毕后,重新启动,选择新编译的内核。

6. 系统调用测试

(1) 创建用户空间程序 tst_syscall.c,直接使用自定义的系统调用。

```
int main()
{
    syscall(318, 100);              /* 318 是新添加的系统调用号,100 是参数 */
    return 0;
}
```

(2) 编译。

```
gcc -o tst_syscall tst_syscall.c
```

(3) 运行. /tst_syscall。

屏幕上会输出"call number is 100"。

运行 dmesg 命令,也可以看到最后一行输出"call number is 100"。

4.4.5 为 Linux 添加一个内核模块

1. 实验说明

内核模块是 Linux 内核向外部提供的一个接口,其全称为动态可加载内核模块 (Loadable Kernel Module,LKM),简称模块。Linux 内核模块机制允许模块独立开发,需要时动态加载、卸载,避免每次为内核添加功能时,都需要重新编译内核,同时减少内核映像大小。Linux 很多设备驱动都是以内核模块形式提供的。

本实验简要介绍内核模块基础知识,并通过简单示例演示内核模块开发的简要过程及注意事项。

2. 内核模块基础知识

1) 内核模块组成

内核模块主要由 6 部分组成,部分是必须存在的,部分是可选的。

(1) 模块初始化函数(必需)

当模块被加载时,模块的初始化函数会自动被内核执行,完成本模块的初始化工作。内核模块通过 module_init 宏来注册模块初始化函数。

(2) 模块卸载函数(必需)

当模块被卸载时,模块卸载函数会自动被内核执行,进行一些清理工作。内核模块通过 module_exit 宏来注册模块卸载函数。

(3) 模块许可证申明

从 Linux 内核 2.4.10 开始,动态加载的模块必须申明此模块的许可证,否则模块动态加载时,会收到内核被污染"module license 'unspecified' taints kernel."的警告。

被内核接受的许可证有很多,最常用的是"GPL"和"Dual BSD/GPL"。内核模块通过 MODULE_LICENSE 宏来申明许可证,如 MODULE_LICENSE("GPL")或 MODULE_LICENSE("Dual BSD/GPL")。

（4）模块参数（可选）

模块参数是模块被加载时，可以传递给它的值，其本身对应模块内部的全局变量。

内核模块通过 module_param(name, type, perm) 宏定义，其中：

① name：参数名。

② type：参数类型，其支持的类型有 byte(字节)、short(短整型)、ushort(无符号短整型)、int(整型)、uint(无符号整型)、long(长整型)、ulong(无符号长整型)、charp(字符指针)、bool(布尔类型)。

参数定义示例：

```
static char * user_name="username";
module_param(user_name, charp, S_IRUGO);
```

参数定义之后，在动态加载模块时，可以使用参数，例如：

```
insmod module.ko user_name=ccec
```

如不使用参数，内核模块使用参数默认值。

③ perm：指定模块在 sysfs 文件系统下的对应权限，如 S_IRUGO|S_IWUSR 表示任何人可读，所有者可写。

（5）模块导出符号（可选）

模块可以导出符号（函数或者变量），这样其他模块就可以使用本模块的变量或者函数。

内核模块使用 EXPORT_SYMBOL 宏导出符号。

（6）其他信息（可选）

可以申明模块作者、版本、描述等信息。

① MODULE_AUTHOR 宏申明模块作者；

② MODULE_DESCRIPTION 宏申明模块描述；

③ MODULE_VERSION 宏申明模块版本。

2）模块导出符号调用

内核模块导出的符号只能由内核调用，如内核中的其他模块调用某个模块导出的符号。用户空间的应用程序只能通过系统调用来访问模块导出的符号。

3）模块的编译

模块的编译依赖于内核源代码树，编译起来相对麻烦。因此内核开发者提供了一种 Makefile 方法，这种方法使得模块的编译相对简单。下面是一个 Makefile 文件示例，假设需要编译的模块为 module1.ko。

```
ifneq($(KERNELRELEASE),)
    obj-m :=module1.o
else
    KERNELDIR ? =/lib/modules/$(shell uname-r)/build
    PWD :=$(shell pwd)
default:
    $(MAKE)-C $(KERNELDIR) M=$(PWD) modules
clean:
```

```
        rm-rf*.cmd*.o*.ko*.mod.*Module.*.tmp_versions
endif
```

下面对以上 Makefile 文件做简要解释,具体的 GNU make 语法请读者参考相关资料。

KERNELDIR 指向系统内核源代码树,PWD 指向当前目录。当从命令行执行 make 命令时,该 Makefile 文件被读取两次。第一次读取时,由于 KERNELRELEASE 没有被定义,因此执行 else 分支,当执行 $(MAKE) -C $(KERNELDIR) M= $(PWD) modules 时,转向内核源代码树中的顶层 Makefile 文件,KERNELRELEASE 在顶层 Makefile 文件中定义,因此再转回读取该 Makefile 文件时,它设置了 obj-m,从而构造出模块。

注意:在以上 Makefile 文件编写过程中,语句的缩进请使用 Tab,不要使用空格,否则 make 命令可能会出错。

4)模块的使用

(1)模块的加载

使用 insmod 命令,如模块提供参数支持,请提供参数。

(2)查看已安装的模块

使用 lsmod 命令。

(3)模块的卸载

使用 rmmod 命令。模块卸载时,请注意确认使用当前模块的其他模块均已经卸载,否则卸载会出错。

(4)查看模块运行的信息

模块中使用 printk 函数打印的信息,可以使用 dmesg 命令查看。

另外一个命令 modproper 也可以加载、卸载及查看模块信息,感兴趣的读者请自行查阅相关资料。

3. 内核模块添加示例

1)示例说明

该示例创建两个内核模块 module1 和 module2,其中 module1 导出一个函数 factorial (int n),该函数计算给定参数 n 的阶乘。模块 module2 使用模块 module1 导出的函数 factorial 来计算阶乘。通过该示例,读者可以学习简要的模块编程规范、参数定义、符号导出与使用等方面的知识。

为区分两个模块,示例分别为两个模块建立了一个目录:module1 和 module2,module1 目录下包含 module1.c 和 Makefile 两个文件,module2 目录下包含 module2.c 和 Makefile 两个文件。

2)模块 module1

(1) module1.c

```
#include<linux/init.h>
#include<linux/module.h>
MODULE_LICENSE("Dual BSD/GPL");              //模块许可证申明
static int module1_init(void)                //模块初始化函数
{
    printk("module1: export factorial operation.\n");
```

```
        return 0;
    }
    static void module1_exit(void)                     //模块卸载函数
    {
        printk("module1: Goodbye!\n");
    }

    int factorial(int n)                               //计算阶乘函数,该函数被导出
    {
        int result=1;
        int i=1;
        if(n<=0){
            return n;
        }
        for(i=1; i<=n; i++){
            result=result * i;
        }
        return result;
    }
    EXPORT_SYMBOL(factorial);                           //导出阶乘函数符号
    module_init(module1_init);                          //注册模块加载函数
    module_exit(module1_exit);                          //注册模块卸载函数
    MODULE_AUTHOR("ccec");                              //申明模块作者,可以不要
    MODULE_DESCRIPTION("module1: int factorial(int)");  //申明模块描述,可以不要
    MODULE_VERSION("ver 1.0");                          //申明模块版本,可以不要
```

（2）Makefile

```
ifneq($(KERNELRELEASE),)
    obj-m :=module1.o
else
    KERNELDIR ?=/lib/modules/$(shell uname-r)/build
    PWD :=$(shell pwd)
default:
    $(MAKE)-C $(KERNELDIR) M=$(PWD) modules
clean:
    rm-rf * .cmd * .o * .ko * .mod. * Module. * .tmp_versions
endif
```

（3）编译

进入 module1 目录,执行 make 命令,即可编译 module1 模块,过程如图 4-102 所示。

从以上编译过程,也能看出 Makefile 的读取过程,首先进入本实验环境的内核源代码树目录/usr/src/kernels/2.6.18－164.el5－xen－i686,最后生成 module1.ko。

编译完成后,在该目录下生成了模块文件、符号文件及其他文件,如图 4-103 所示。

其中,module1.ko 是生成的模块,Module.symvers 为该模块导出的符号。使用 cat 命令查看 Module.symvers 内容,正是导出函数 factorial 的信息,如图 4-104 所示。

```
[root@localhost module1]# make
make -C /lib/modules/2.6.18-164.el5xen/build M=/usr/src/code/tstmodule/module1 m
odules
make[1]: Entering directory `/usr/src/kernels/2.6.18-164.el5-xen-i686'
  CC [M]  /usr/src/code/tstmodule/module1/module1.o
  Building modules, stage 2.
  MODPOST
  CC      /usr/src/code/tstmodule/module1/module1.mod.o
  LD [M]  /usr/src/code/tstmodule/module1/module1.ko
make[1]: Leaving directory `/usr/src/kernels/2.6.18-164.el5-xen-i686'
```

图 4-102　使用 make 命令编译 module1 模块的过程示意图

```
[root@localhost module1]# ls -l
total 164
-rw-r--r-- 1 root root   241 Dec 23 07:46 Makefile
-rw-r--r-- 1 root root   586 Dec 23 06:32 module1.c
-rw-r--r-- 1 root root 70932 Dec 23 12:20 module1.ko
-rw-r--r-- 1 root root   660 Dec 23 12:20 module1.mod.c
-rw-r--r-- 1 root root 39920 Dec 23 12:20 module1.mod.o
-rw-r--r-- 1 root root 32195 Dec 23 12:20 module1.o
-rw-r--r-- 1 root root     0 Dec 23 12:20 Module.markers
-rw-r--r-- 1 root root    75 Dec 23 12:20 Module.symvers
```

图 4-103　使用 ls 命令查看编译 module1 模块后生成的文件

```
[root@localhost module1]# cat Module.symvers
0xf0061c0f      factorial       /usr/src/code/tstmodule/module1/module1 EXPORT_S
YMBOL
```

图 4-104　用 cat 命令查看编译 module1 后生成的 Module.symvers 内容(即模块导出的符号)

3）模块 module2

（1）module2. c

```
#include <linux/init.h>
#include <linux/module.h>
MODULE_LICENSE("Dual BSD/GPL");                    //模块许可证申明
static int n=5;                                    //定义参数,其默认值为 5
module_param(n, int, S_IRUGO);
extern int factorial(int);                         //引用外部模块定义的函数
static int module2_init(void)     //初始化,调用 module1 导出函数 factorial 计算阶乘并打印
{
    int result=1;
    printk("module2: use factorial exported by module1.\n");
    result=factorial(n);
    printk("the factorial of %d is %d\n", n, result);
    return 0;
}
static void module2_exit(void)                     //卸载函数
{
    printk("module2: Goodbye!\n");
}
module_init(module2_init);                         //注册模块加载函数
module_exit(module2_exit);                         //注册模块卸载函数
```

（2）Makefile

module2 的 Makefile 文件和 module1 的类似,区别在于生成的模块名不一样。

```
ifneq($(KERNELRELEASE),)
    obj-m :=module2.o
else
    KERNELDIR ?=/lib/modules/$(shell uname-r)/build
    PWD :=$(shell pwd)
default:
    $(MAKE)-C $(KERNELDIR) M=$(PWD) modules
clean:
    rm-rf *.cmd *.o *.ko *.mod.*Module.*.tmp_versions
endif
```

（3）编译

先将 module1 模块生成的 Module. symvers 文件复制到 module2 目录下（否则编译时，会提示 factorial 函数找不到的错误），然后进入 module2 目录，执行 make 命令进行编译，过程如图 4-105 所示。

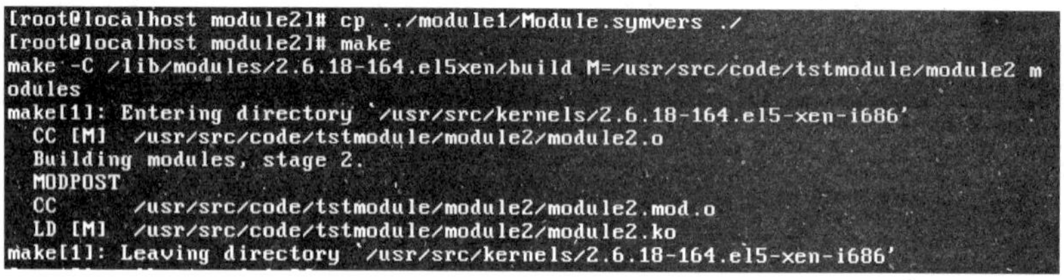

```
[root@localhost module2]# cp ../module1/Module.symvers ./
[root@localhost module2]# make
make -C /lib/modules/2.6.18-164.el5xen/build M=/usr/src/code/tstmodule/module2 m
odules
make[1]: Entering directory `/usr/src/kernels/2.6.18-164.el5-xen-i686'
  CC [M]  /usr/src/code/tstmodule/module2/module2.o
  Building modules, stage 2.
  MODPOST
  CC      /usr/src/code/tstmodule/module2/module2.mod.o
  LD [M]  /usr/src/code/tstmodule/module2/module2.ko
make[1]: Leaving directory `/usr/src/kernels/2.6.18-164.el5-xen-i686'
```

图 4-105　使用 make 命令编译 module2 模块的过程示意图

编译成功后，生成 module2. ko 模块文件。

4）模块测试

（1）加载模块

由于本示例中，模块 module2 使用模块 module1 导出的函数，因此，需要先加载 module1，然后再加载 module2。如果先加载 module2，会提示 factorial 符号找不到的错误。

加载模块时，先进入 module1 目录，执行 insmod module1. ko 命令，然后进入 module2 目录，执行 insmod module2. ko 命令，如图 4-106 所示。

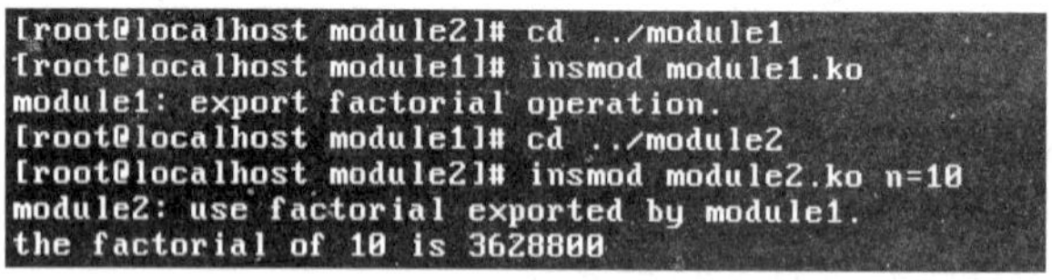

```
[root@localhost module2]# cd ../module1
[root@localhost module1]# insmod module1.ko
module1: export factorial operation.
[root@localhost module1]# cd ../module2
[root@localhost module2]# insmod module2.ko n=10
module2: use factorial exported by module1.
the factorial of 10 is 3628800
```

图 4-106　使用 insmod 命令安装 2 模块的过程示意图

可见，当 module1 成功加载时，其初始化函数被调用，显示相应信息；加载 module2 时，给定了一个参数 n=10，然后输出了 10 的阶乘结果 3 628 800。如果加载 module2 时不给定参数值，则显示的应是 5（即参数 n 的默认值）的阶乘结果。

从以上输出可以看出，两个模块均达到了设计目标。

（2）查看加载的模块信息

模块加载后，可使用 lsmod | grep module 命令查看所加载模块的信息，如图 4-107

所示。

图 4-107　使用 lsmod 命令查看所加载的模块信息

lsmod 命令显示模块的大小以及该模块的使用者。如图 4-107 所示,module2 的大小为 6016B,没有被其他模块使用;而 module1 的大小为 5888B,被一个模块使用,该模块为 module2。

（3）模块卸载

模块使用完毕之后,可使用 rmmod 命令将其卸载。本实例中,由于 module1 模块被 module2 使用,因此应先卸载 module2,然后再卸载 module1,否则会出现 module1 正在被 module2 使用的错误提示信息。正确的卸载过程如图 4-108 所示。

图 4-108　使用 rmmod 命令卸载模块

可见,两个模块被卸载时,其卸载函数被调用,显示相应信息。

（4）查看模块运行信息

可以使用 dmesg 命令查看模块运行过程中打印出来的所有信息,如图 4-109 所示。

图 4-109　使用 dmesg 命令查看模块运行信息

可见,前面测试过程中所有打印信息通过 dmesg 命令均可查看到。

4.4.6　为 Linux 添加一个简单的字符设备驱动程序

1. 实验说明

Linux 系统调用是应用程序和内核之间的接口,而设备驱动程序是内核和硬件设备之间的接口。Linux 将硬件设备分为两大类：块设备和字符设备,分别对应于不同类型的设备驱动程序,即块设备驱动程序和字符设备驱动程序。与块设备驱动程序相比,字符设备驱动程序相对简单,容易理解,也适合大多数简单的硬件设备。

因此,本实验通过设计开发一个简单的字符设备驱动程序,帮助读者理解 Linux 设备驱动程序的基本原理、了解设备驱动程序的编写过程。

2. 设备驱动程序基础知识

1）设备文件

在 Linux 中,每个设备被当作一个特殊文件处理,即设备文件。对于用户来说,设备文件的操作,如读、写、打开、关闭等操作,和普通文件操作类似,不必区分是设备文件还是普通文件。当用户对设备文件的操作通过系统调用转到内核空间时,系统自动调用该设备所对应的设备驱动程序提供的操作接口,通过这些接口,完成对设备的真正操作。因此,设备驱动程序应提供必要的文件操作接口,不一定是全部接口,而是根据需要提供,如该设备仅供读取数据,就需要提供读接口,而不必提供写接口。

和普通文件一样,每个设备文件均对应一个 inode,保存该设备文件的属性,其中一个成员为 i_fop,其类型为 struct file_operations,定义了标准文件操作所对应的设备驱动程序接口。

设备文件通常放置在/dev 目录下,使用 ls 命令可以查看设备信息。下面是使用 ls -l /dev 命令查看到的部分结果。

```
brw-r------- 1 root disk  8,  0 Dec 24    2014 sda
brw-r------- 1 root disk  8,  1 Dec 24    15:49 sda1
brw-r------- 1 root disk  8,  2 Dec 24    2014 sda2
brw-r------- 1 root disk  8, 16 Dec 24    18:32 sdb
brw-r------- 1 root disk  8, 20 Dec 24    18:32 sdb4
crw-rw----- 1 root tty   4,  0 Dec 24    2014 tty0
crw--w----- 1 root tty   4,  1 Dec 24    20:03 tty1
crw-rw----- 1 root tty   4, 10 Dec 24    2014 tty10
crw-rw----- 1 root tty   4, 11 Dec 24    2014 tty11
crw-rw----- 1 root tty   4, 12 Dec 24    2014 tty12
crw-------- 1 vcsa tty   7,  0 Dec     24 15:49 vcs
crw-------- 1 vcsa tty   7,  1 Dec 24    15:49 vcs1
crw-rw-rw- 1 root root  1,  5 Dec 24    15:49 zero
```

每个文件长格式列目录信息最左面的字母是文件类型信息,b 表示块设备文件,如 sda1、sda2 等,c 表示字符设备文件,如 tty0、tty1、zero 等。在文件最后修改日期前有两个以逗号分开的数,这个位置对普通文件通常显示的是文件的长度,而对于设备文件,这两个数是设备的主设备号和次设备号。如 sda 的主设备号为 8,次设备号为 0,zero 的主设备号为 1,次设备号为 5。

2）主设备号和次设备号

通常而言,主设备号标识设备对应的驱动程序,例如,/dev/zero 由驱动程序 1 管理,/dev/sda1、/dev/sda2 由驱动程序 8 管理。现代 Linux 内核允许多个驱动程序共享主设备号,但大多数设备仍是按照"一个主设备号对应一个驱动程序"的原则组织。

次设备号由内核使用,用于确定设备文件所指的真正设备。对于内核来说,除了知道次设备号用来指向驱动程序所实现的设备之外,内核基本上并不关心关于次设备号的任何其他信息。

在内核中,使用 dev_t 类型(在<linux/types.h>中定义)来保存设备编号,包括主设备号和次设备号。在内核的 2.6 版本中,dev_t 是一个 32 位的数,其中 12 位用来标识主设备号,其余 20 位用来表示次设备号。使用 dev_t 时,开发者应使用系统提供的一组宏来进行访问:

```
MAJOR(dev_t dev)            /* 从 dev_t 类型中获取主设备号 */
MINOR(dev_t dev)            /* 从 dev_t 类型中获取次设备号 */
MKDEV(int major,int minor) /* 将主设备号和次设备号转换成 dev_t 类型 */
```

设备驱动程序是一个典型的 Linux 内核模块,该内核模块被加载后,一般不会自动创建设备文件,而是由用户使用 mknode 命令来创建一个新的设备文件,其需要的参数是设备文件名、主设备号、次设备号、设备类型,例如:

```
mknode/dev/scdev c 252 0
```

其中,/dev/scdev 是设备名,c 代表该设备是字符设备,252 是主设备号,0 是次设备号。

因此,在使用 mknode 命令创建设备文件之前,必须明确知道该设备驱动所对应的主设备号。该主设备号由设备驱动程序向系统申请并注册。不同类型的驱动程序有不同的申请及注册方法。后文将介绍字符设备驱动程序主设备号申请及注册方法。

3) 重要内核数据结构

大部分基本的驱动程序操作涉及三个重要的内核数据结构,分别是 file_operations、file 和 inode,在编写真正的设备驱动程序之前,需要对上述结构有一个基本的认识。

(1) 文件操作 file_operations

用户对设备文件的操作最终都会转换为设备驱动程序中的相关操作,使之关联起来的一个重要数据结构即是 struct file_operation。该结构在<linux/fs. h>中申明,定义了设备文件操作的函数指针,以下为摘录的该数据结构的部分信息。

```
struct file_operations {
    struct module * owner;
    …
    loff_t( * llseek) (struct file * , loff_t, int);
    ssize_t( * read) (struct file * , char __user * , size_t, loff_t * );
    ssize_t( * write) (struct file * , const char __user * , size_t, loff_t * );
    int( * readdir) (struct file * , void * , filldir_t);
    unsigned int( * poll) (struct file * , struct poll_table_struct * );
    int( * ioctl) (struct inode * , struct file * , unsigned int, unsigned long);
    int( * open) (struct inode * , struct file * );
    int( * release) (struct inode * , struct file * );
    int( * fsync) (struct file * , struct dentry * , int datasync);
    …
};
```

该结构中 owner 指向拥有该结构的模块的指针,几乎在所有的情况下,该成员都会被初始化为 THIS_MODULE;该结构其他部分定义了文件操作涉及的一系列函数。在这些函数中,struct file 指向打开的文件指针,struct inode 指向该设备文件的 inode 数据结构,这两个数据结构将在后文介绍。

设备驱动程序可以根据需要实现该结构的一部分,并将其与相应函数指针相关联,如后例中的 scdev 设备驱动程序实现了 open、release、llseek、read、write 5 个操作,通过该结构关联如下:

```
struct file_operations sc_fops={
    .owner=THIS_MODULE,
    .llseek=sc_llseek,
```

```
        .read=sc_read,
        .write=sc_write,
        .open=sc_open,
        .release=sc_release,
    };
```

其中,sc_llseek、sc_read、sc_read、sc_write、sc_release 函数在 scdev 设备驱动程序中实现。采用此方法关联后,相应的系统调用会最终转向设备驱动程序中的具体实现,如对设备的 read 操作,会最终调用 sc_read 函数,打开设备文件的操作,会最终调用 sc_open 函数。

其他未定义的函数指针被设置为 NULL 值。对于 NULL 函数指针,内核具体处理行为不尽相同,如 llseek 被置为 NULL,则使用 fseek 和 lseek 对文件的操作,将会以不可预计的方式修改 file 结构中读写位置;如果 read 被置为 NULL,将会导致 read 系统调用出错并返回-EINVAL。

(2) 文件 file

在<linux/fs.h>中定义的 struct file 是设备驱动程序所使用的第二个重要数据结构。file 结构代表一个打开的文件(不仅限于设备驱动程序,系统中每个打开的文件在内核空间中都有一个对应的 file 结构)。它由内核在 open 时创建,并传递给在该文件上进行操作的所有函数,直到最后文件被关闭。在文件的所有示例都被关闭以后,内核会释放该数据结构。struct file 中重要成员如下。

```
    struct file {
        …
        const struct file_operations * f_op;
        mode_t f_mode;
        loff_t f_pos;
        void * private_data;
        struct dentry * f_dentry;
        …
    };
```

其中:

① f_mode:文件模式,用于标记文件的读写权限。

② f_pos:文件的读写位置,每次读、写均从该位置开始。seek 操作可改变该值。

③ f_op:指向 struct file_operations 数据结构,内核执行 open 操作时,对该值赋值。

④ private_data:专有数据,驱动程序可将这个字段用于任何目的或者忽略这个字段。例如,驱动程序可以用这个字段指向某个数据结构,如设备状态,但一定要在内核销毁 file 结构前释放该字段。

⑤ f_dentry:文件目录项,指向该文件的目录数据结构。在设备驱动程序中,往往仅用于获取该设备文件的 inode。

(3) 索引节点 inode

inode 结构中包含大量有关文件的信息,但仅有三个字段对编写驱动程序代码有用。

```
struct inode {
    …
    dev_t i_rdev;
    struct block_device * i_bdev;
    struct cdev * i_cdev;
    …
};
```

其中：

① i_rdev：包含该设备的真正设备编号。因此可以使用 MAJOR(i_rdev)及 MINOR(i_rdev)来获取该设备的主设备号和次设备号。但为了保持兼容性，内核开发者增加了两个宏，可以从一个 inode 中获得主设备号和次设备号：

```
unsigned int iminor(struct inode * inode);          //获取次设备号
unsigned int imajor(struct inode * inode);          //获取主设备号
```

② i_bdev：指向块设备的内核的内部结构。当 inode 指向一个块设备文件时，该指针指向一个 struct block_device 结构，该结构由块设备驱动程序初始化并注册到系统中；

③ i_cdev：指向字符设备的内核的内部结构。当 inode 指向一个字符设备文件时，该指针指向一个 struct cdev 结构，该结构由字符设备驱动程序初始化并注册到系统中；关于字符设备的注册将在后文介绍。

4) 字符设备驱动程序

(1) 分配和释放设备编号

在建立一个字符设备之前，驱动程序首先要做的事情就是分配一个或多个设备编号。驱动程序可以采用动态分配或静态分配两种方式来申请并注册设备编号；当字符设备被卸载时，需要释放设备编号。

① 静态分配方式

完成静态分配的必要函数是 register_chrdev_region，该函数在<linux/fs. h>中申明：

```
int register_chrdev_region(dev_t first, unsigned count, char * name);
```

其中，first 是要分配的设备编号的起始值，firtst 的次设备号经常被置为 0，count 是所请求的连续设备编号的个数。注意，如果 count 非常大，则所请求的范围可能和下一个主设备号重叠，但只要所请求的编号范围是可用的，则不会带来任何问题。name 是该设备的名称。例如：

```
dev_t dev=MKDEV(254, 0);
result=register_chrdev_region(dev, 1, "scdev");
```

申请了以主设备号为 254，次设备号为 0 开始的一个设备编号，该设备驱动名为"scdev"。

显然，采用静态分配的方式需要设计者提前知道哪个主设备号没有被其他设备占用，查看系统中主设备号哪个可用的方法是查看/proc/devices 文件，典型的/proc/devices 文件内容如下所示。

```
Character devices:
    1  mem
    4  tty
    5  /dev/tty
    6  lp
    7  vcs
   13  input
   14  sound
   21  sg
  180  usb

Block devices:
    1  ramdisk
    2  fd
    8  sd
    9  md
   22  ide1
   65  sd
   66  sd
  253  device-mapper
  254  mdp
```

因此,可以寻找"Character devices"中没有被占用的主设备号,作为新设备的主设备号,如 252。

采用固定分配方式分配的主设备号是固定的,利于使用 mknode 创建设备文件。但使用该方式不利于该驱动用于其他计算机,因为在其他计算机中可能某个设备已经占用了该主设备号。

② 动态分配方式

动态分配方式由系统动态为该设备选择一个未被使用的主设备号,使用 alloc_chrdev_region 函数,其函数原型是:

```
int alloc_chrdev_region(dev_t * dev, unsigned baseminor, unsigned count, char *
name);
```

其中,dev 用于返回动态分配的第一个设备编号,baseminor 为被请求的第一个次设备号,count 和 name 的含义同 register_chrdev_region 函数。

动态分配克服了静态分配带来的问题,但其缺点是用户并不知道系统自动为驱动程序分配的主设备号。需要在模块加载后,根据设备名去查/proc/devices 文件来获取该设备的主设备号,然后再去创建设备文件。这非常烦琐,一般采用 Shell 脚本自动来完成模块的加载、/proc/devices 文件的查询以及设备文件的创建。在后面的例子中将会给出一个示例。

③ 设备编号的释放

当设备驱动模块卸载时,驱动程序需要将申请的设备编号释放,无论采用动态分配还是静态分配,均采用 unregister_chrdev_region 函数释放,该函数原型是:

```
void unregister_chrdev_region(dev_t from, unsigned count);
```

其中,from 是第一个设备编号,count 是总共有多少个设备。

(2) 字符设备的注册与注销

内核内部使用 struct cdev 结构来表示字符设备。在内核调用设备的操作之前,必须分配并注册一个或多个 struct cdev 结构。<linux/cdev.h>中定义的 struct cdev 结构内容如下。

```
struct cdev {
    struct kobject kobj;
    struct module * owner;
    const struct file_operations * ops;
    struct list_head list;
    dev_t dev;
    unsigned int count;
};
```

其中,owner 是所属模块,一般被初始化为 THIS_MODULE,ops 指向文件操作指针,dev 为设备编号。

① 字符设备的注册

包括以下三个步骤。

- 首先要创建一个 struct cdev 对象,也可以通过 cdev_alloc() 函数分配一个 struct cdev 对象。
- 然后使用 cdev_init 函数对该对象进行初始化,cdev_init 原型如下:

```
void cdev_init(struct cdev * cdev, struct file_operations * fops);
```

cdev 为 struct cdev 对象指针,fops 为文件操作对象指针。

- 最后使用 cdev_add 函数注册设备到内核中,cdev_add 原型如下:

```
intcdev_add(struct cdev * cdev, dev_t num, unsigned int count);
```

cdev 为 struct cdev 对象指针,num 为设备编号,count 是应该和该设备关联的设备编号的数量,其值一般为 1。

注意:在前两步中,cdev_alloc 功能部分和 cdev_init 重合,建议先直接创建 struct cdev 对象,然后调用 cdev_init 函数,完成前两步工作。

② 字符设备的注销

要从系统中注销一个字符设备,调用 cdev_del 函数即可,其原型如下:

```
void cdev_del(struct cdev * dev)。
```

3. 字符设备驱动程序开发简要流程

驱动程序是一个内核模块,因此其编程的框架完全和内核模块是一致的。但和普通内核模块不一样的是,驱动程序初始化和注销时需要做一些工作。另外,驱动使用时,不仅要加载驱动模块,而且还需要创建设备文件。

1) 字符设备驱动程序框架

下面以一个名为 scdev 的驱动模块为例,简要说明字符设备驱动程序大致框架代码。

```
include 头文件
struct cdev cdev;                                    //定义字符设备结构
struct file_operations sc_fops={         //定义文件操作数据结构,关联本驱动实现的文件操作
    .owner=THIS_MODULE,
    .read=sc_read,
    .write=sc_write,
    ...
};
static int sc_init(void)                             //模块初始化函数
{
    调用 alloc_chrdev_region 函数,动态申请设备编号;
    依次调用 cdev_init 及 cdev_add 函数初始化及注册字符设备;
}
static int sc_exit(void)                             //模块卸载函数
{
    调用 cdev_del 从系统中注销字符设备;
    调用 unregister_chrdev_region 释放设备编号;
}
ssize_t sc_read(struct file * filp, char __user * buf, size_t count, loff_t * f_pos)
{
    本驱动实现的对设备的读操作;
}
ssize_t sc_write(struct file * filp, const char __user * buf, size_t count, loff_t * f_
pos)
{
    本驱动实现的对设备的写操作;
}
本驱动实现的其他操作:
module_init(sc_init);
module_exit(sc_exit);
MODULE_AUTHOR("author");
MODULE_LICENSE("Dual BSD/GPL");
```

2) 字符设备驱动程序的编译

字符设备驱动程序的编译和模块的编译一样,可以借用"创建内核模块"实验的 Makefile 文件(详见 4.4.5 节),稍加修改即可。

3) 字符设备驱动的使用

字符设备驱动正确编译后,会生成.ko 模块,要使用字符设备驱动,首先需加载驱动模块,要经过以下两个步骤。

(1) 使用 insmod 命令加载驱动模块;

(2) 查看/proc/devices 文件,获取该设备的主设备号,然后使用 mknode 命令创建设备文件。

经过以上步骤以后,使用正常的文件操作方法即可访问该设备。

当设备不再使用,应卸载驱动模块,步骤如下。

（1）使用 rmmod 卸载模块；

（2）使用 rm 命令删除设备文件。

由于驱动的加载和卸载比较麻烦，所以在工程中，常创建 Shell 脚本来完成这些工作。这样，在驱动加载和卸载时，执行一个 Shell 脚本即可，示例见后。关于 Shell 脚本，请读者参考 2.1.6 节等相关资料。

4. 一个简单的字符驱动程序示例

1）示例说明

本示例实现一个简单的字符驱动程序。该驱动程序在内核空间中申请一段大小为 1024B 的内存，通过对内存的读写来模拟对设备的读写。

示例驱动实现了以下 5 个文件操作。

（1）read 操作：读取内存中信息，并打印相关信息。

（2）write 操作：更新内存中的信息，并打印相关信息。

（3）lseek 操作：更新文件读写位置，并打印相关信息。

（4）open 操作：仅打印一条信息后退出。

（5）release 操作：仅打印一条信息后退出。

通过各种操作打印的信息，也可跟踪并理解应用程序对文件的操作过程。

本示例驱动代码为 scdev.c，生成的驱动模块为 scdev.ko，设备文件为/dev/scdev，为方便驱动加载与卸载，编写了两个 Shell 脚本：sc_load 与 sc_unload。

2）驱动代码 scdev.c

（1）头文件及数据结构

```
#include <linux/module.h>
#include <linux/init.h>
#include <linux/fs.h>
#include <linux/errno.h>
#include <linux/types.h>
#include <linux/fcntl.h>
#include <linux/cdev.h>
#include <asm/uaccess.h>
#define DATA_SIZE 1024              /*内存缓冲区大小为 1024B*/
struct sc_dev{
    char * data;                   /*内存缓冲区，用来模拟设备*/
    struct semaphore sem;          /*互斥锁，保护临界区*/
    struct cdev cdev;              /*字符设备数据结构*/
};
struct sc_dev sc_device;
int sc_major=0;                    /*保存主设备号*/
int sc_minor=0;                    /*设备次设备号*/
static int sc_init(void);          /*初始化函数*/
static void sc_exit(void);         /*卸载函数*/
/* 本驱动实现 5 个文件操作：open、release、write、read 及 lseek */
int sc_open(struct inode * inode, struct file * filp);
```

```
int sc_release(struct inode * inode, struct file * filp);
ssize_t sc_write(struct file * filp, const char __user * buf, size_t count, loff_
t * f_pos);
ssize_t sc_read(struct file * filp, char __user * buf, size_t count, loff_t * f_pos);
loff_t sc_llseek(struct file * filp, loff_t off, int whence);
struct file_operations sc_fops={                    /* 初始化 file_operations 结构 */
    .owner=THIS_MODULE,
    .llseek=sc_llseek,
    .read=sc_read,
    .write=sc_write,
    .open=sc_open,
    .release=sc_release,
};
```

该段代码中定义了一个 struct sc_dev 结构,包括一个指向内存的指针 data,一个信号量 sem,用于多个用户同时对设备进行操作时,对临界资源(data)的保护,另外,包括一个 struct cdev 字符设备数据结构。

同时,申明了本驱动的初始化及卸载函数,以及其他文件操作函数,最后定义了一个 struct file_operations 结构,将本驱动实现的操作与系统调用操作关联起来。

(2) 驱动模块初始化及卸载函数

① 模块初始化函数

```
static int sc_init(void)
{
    int result;
    dev_t dev=0;
    char init_buf[]="initialize data!";
    result=alloc_chrdev_region(&dev, sc_minor, 1, "scdev");          //动态申请主设备号
    if(result<0){
        printk("sc: alloc major failed.\n");
        return result;
    }
    /* 为设备申请大小为 1024 的缓冲区,并对其进行初始化 */
    sc_device.data=kmalloc(DATA_SIZE * sizeof(char), GFP_KERNEL);
    sc_major=MAJOR(dev);                         /* 获取分配的主设备号 */
    if(!sc_device.data){
        printk("sc: alloc data buf failed.\n");
        result=-ENOMEM;
        goto fail;                               /* 清理工作 */
    }
    memset(sc_device.data, 0 , DATA_SIZE);
    memcpy(sc_device.data, init_buf, sizeof(init_buf));
    init_MUTEX(&sc_device.sem);                   /* 初始化互斥信号量 */
    /* 注册字符设备 */
    cdev_init(&sc_device.cdev, &sc_fops);
```

```
sc_device.cdev.owner=THIS_MODULE;
sc_device.cdev.ops=&sc_fops;
cdev_add(&sc_device.cdev, dev, 1);
printk("sc: load driver.\n");
return 0;
fail:
sc_exit();                              /* 调用卸载函数进行清理 */
return result;
}
```

② 模块卸载函数

```
static void sc_exit(void)
{
    dev_t devno=MKDEV(sc_major, sc_minor);
    if(sc_device.data){
        kfree(sc_device.data);          /* 释放分配的内存 */
    }
    cdev_del(&sc_device.cdev);           /* 从系统中移除设备 */
    unregister_chrdev_region(devno, 1);  /* 释放设备编号 */
    printk("sc: unload driver.\n");
}
```

初始化函数实现了内存的分配、设备编号的动态申请以及字符设备的注册,卸载函数实现了最后的清理工作,如释放内存、移除设备和释放设备编号。

另外,内存成功分配后,将其初始化为"initialize data!",这样,在对设备进行写操作之前,读出来的信息应该是"initialize data!"。

注意:内核编程中,内存的分配不同于用户空间的 malloc 和 free 函数,这里使用的是 kmalloc 和 kfree 函数,请读者参考相关资料。

(3) open 及 release 操作

① open 函数:仅打印从 inode 获取的主次设备号后退出。

```
int sc_open(struct inode * inode, struct file * filp)
{
    int major, minor;
    major=imajor(inode);
    minor=iminor(inode);
    printk("sc: Open device, major=%d,minor=%d\n", major, minor);
    return 0;
}
```

② release 函数:仅打印从 inode 获取的主次设备号后退出。

```
int sc_release(struct inode * inode, struct file * filp)
{
    int major, minor;
    major=imajor(inode);
```

```
    minor=iminor(inode);
    printk("\n sc: Close device, major=%d,minor=%d\n", major, minor);
    return 0;
}
```

open 在设备文件被打开时,被系统调用,release 在设备文件被关闭时,被系统调用。这两个函数仅从 inode 中获取主次设备号后,打印操作信息之后退出,不做其他操作。通过打印信息,可以跟踪应用对设备的打开、关闭操作。

(4) read 及 write 操作

① read 函数:从 f_pos 指示的位置读取给定长度的字符串,并将其复制到用户空间。

```
ssize_t sc_read(struct file * filp, char __user * buf, size_t count, loff_t * f_pos)
{
    int result=0;
    if(* f_pos >=DATA_SIZE){
        return 0;
    }
    if(count+ * f_pos>DATA_SIZE){
        count=DATA_SIZE- * f_pos;
    }
    down_interruptible(&sc_device.sem);                     /* 加锁 */
                                                            /* 将内容拷贝到用户空间 */
    result=copy_to_user(buf, sc_device.data+ * f_pos, count);
    up(&sc_device.sem);                                     /* 解锁 */
    if(!result){
        * f_pos+=count;                                     /* 读/写位置后移 */
        printk("sc: read %d successed!\n", count);
    }else{
        * f_pos+=(count-result);
        printk("sc: read %d successed!\n", count-result);
    }
    return count-result;
}
```

② write 函数:向 f_pos 指示的位置写给定长度的字符串。

```
ssize_t sc_write(struct file * filp, const char __user * buf, size_t count, loff_t *
f_pos)
{
    int result=0;
    if(* f_pos >=DATA_SIZE){
        return 0;
    }
    if(count+ * f_pos>DATA_SIZE){             //如果要写的位置超过 1024,直接返回
        count=DATA_SIZE- * f_pos;
    }
```

```
    down_interruptible(&sc_device.sem);              /*加锁*/
    /*将*f_pos指示的位置之后的内容全部清零*/
    memset(sc_device.data+*f_pos, 0,(DATA_SIZE-*f_pos)*sizeof(char));
    /*将信息从用户空间复制到内存缓存区*/
    result=copy_from_user(sc_device.data+*f_pos, buf, count);
    up(&sc_device.sem);                              /*解锁*/
    if(!result){
        *f_pos+=count;                               /*读/写位置后移*/
        printk("sc: write %d successed!\n", count);
    }else{
        *f_pos+=(count-result);
        printk("sc: write %d successed!\n", count-result);
    }
    return count-result;
}
```

读操作实现了从文件当前读/写位置开始,读一定长度的信息,并使用 copy_to_user 将其返回到用户空间。

写操作实现了从文件当前读/写位置开始,写一定长度的信息,该信息使用 copy_from_user 从用户空间复制过来。

copy_to_user 和 copy_from_user 在功能上类似于 memcpy 函数。在 Linux 系统中,内核空间和用户空间是相互隔离的,驱动模块工作在内核空间,而应用程序工作在用户空间,两个空间地址不能相互访问,需通过 copy_to_user 将内核空间信息拷贝到用户空间,通过 copy_from_user 将用户空间信息复制到内核空间。

另外,可能存在多个应用程序同时对设备进行读写,因此,需要在读写操作中对内存区域实现互斥访问。内核空间不能使用用户空间的 P、V 操作函数,必须使用内核空间的 P、V 操作函数。本示例使用 down_interruptible 来实现内核空间信号量的 P 操作,使用 up 来实现内核空间信号量的 V 操作;另外,在初始化函数中,使用 init_MUTEX 函数来初始化互斥信号量,实质上就是将信号量初值设置为 1。

(5) llseek 操作

```
loff_t sc_llseek(struct file*filp, loff_t off, int whence)
                                    //将读/写指针移动到指定位置
{
    loff_t newpos;
    switch(whence){
    case 0: /*SEEK_SET*/
        newpos=off;
        break;
    case 1: /*SEEK_CUR*/
        newpos=filp->f_pos+off;
        break;
    case 2: /*SEEK_END*/
        newpos=DATA_SIZE+off;
```

```
        break;
    default:
        return -EINVAL;
    }
    if(newpos<0){
        newpos=0;
    }else if(newpos>1024){
        newpos=1024;
    }
    filp->f_pos=newpos;
    printk("sc: seek to %ld\n",(long)newpos);
    return newpos;
}
```

（6）驱动模块申明

```
module_init(sc_init);
module_exit(sc_exit);
MODULE_AUTHOR("ccec");
MODULE_LICENSE("Dual BSD/GPL");
```

3）编译 Makefile

驱动程序编译用的 Makefile 和普通模块的一样。下面是用于本示例的 Makefile
文件。

```
ifneq($(KERNELRELEASE),)
    obj-m :=scdev.o
else
    KERNELDIR ? =/lib/modules/$(shell uname -r)/build
    PWD :=$(shell pwd)
default:
    $(MAKE)-C $(KERNELDIR) M=$(PWD) modules
clean:
    rm-rf * .cmd * .o * .ko * .mod. * Module. * .tmp_versions
endif
```

编译过程如图 4-110 所示。

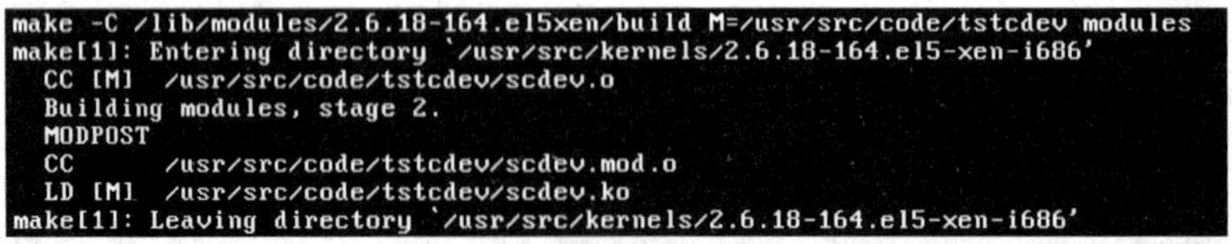

图 4-110　使用 make 命令编译驱动模块 scdev 的过程示意图

编译成功后，生成 scdev.ko 驱动模块文件。

4）驱动加载脚本 sc_load

为便于操作，驱动的加载采用内容如下的 Shell 脚本程序 sc_load 来实现。

```
#!/bin/sh
module="scdev"
device="scdev"
#insert scdev
/sbin/insmod ./$module.ko $ * ||exit 1
#retrieve major number
major=$ (awk "\$2=="$module" {print \$1}" /proc/devices)
#Remove stale nodes and replace them
rm -f /dev/${device}
mknod /dev/${device} c $major 0
```

该 Shell 脚本首先使用 insmod 命令加载 scdev.ko 模块,然后查询/proc/devices 文件,并使用 awk 命令去解析它,以找到设备为 scdev 的设备编号。最后,如果设备文件已经存在,则先删除它,然后使用 mknode 命令创建/dev/scdev 设备文件。

注意:awk 是一个功能强大的搜索解析命令,本示例使用其解析出/proc/devices 文件中包含 scdev 行中的主设备信息。awk 命令的具体使用方法请读者自行参考相关资料。

图 4-111 是先执行 sc_load 脚本加载驱动,再使用 lsmod 命令查看所加载的驱动模块信息,最后使用 ls 命令查看设备文件的结果。

```
[root@localhost tstcdev]# ./sc_load
sc: load driver.
[root@localhost tstcdev]# lsmod | grep scdev
scdev                   8720  0
[root@localhost tstcdev]# ls -l /dev/scdev
crw-r--r-- 1 root root 252, 0 Dec 25 19:59 /dev/scdev
```

图 4-111 使用 Shell 脚本加载驱动模块 scdev 后的结果

可见,驱动模块被正确加载,而且在/dev 目录下生成了一个字符设备文件/dev/scdev。

5) 驱动卸载脚本 sc_unload

与驱动模块的加载类似,为便于操作,驱动模块的卸载也用 Shell 脚本实现,相应卸载脚本程序 sc_unload 的内容可用 vim 等编辑如下。

```
#!/bin/sh
module="scdev"
device="scdev"
#remove scdev
/sbin/rmmod $module $ * ||exit 1
#Remove stale nodes
rm -f /dev/${device}
```

该脚本首先使用 rmmod 命令卸载驱动模块,然后删除设备文件。

图 4-112 是先执行 sc_unload 脚本卸载驱动,再使用 lsmod 命令查看所加载的驱动模块信息,最后使用 ls 命令查看设备文件的结果。

可见,驱动模块被正确卸载,而且设备文件也被成功删除。

本示例给出的加载及卸载脚本,稍加修改也可用于其他设备驱动程序。

6) 驱动测试

本示例设计了两个简单测试来检验设备驱动程序的正确性。一是使用 cat、echo 命令

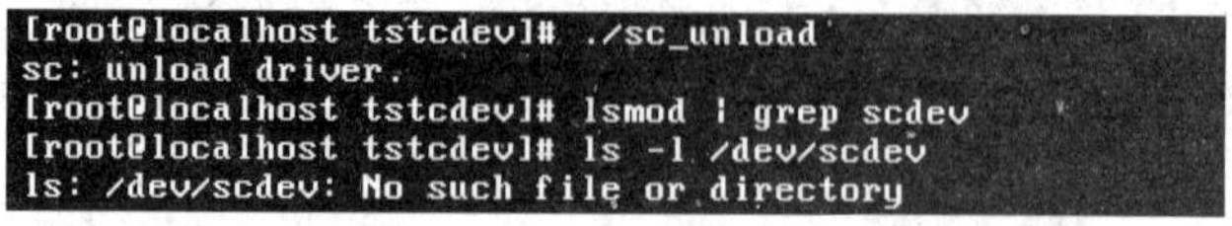

图 4-112　使用 Shell 脚本卸载驱动模块 scdev 后的结果

来读写设备文件;二是编写了一个简单的文件读写测试程序,来对驱动程序进行测试。

注意:两个测试都需要首先执行 sc_load 脚本,以加载驱动。

(1) cat 及 echo 读写测试

cat 命令用于读出文件所有信息,echo 命令借助输出重定向符可用于向文件写信息。本测试先使用 cat 读出/dev/scdev 设备文件的所有信息,然后使用 echo 命令修改设备文件信息,最后再使用 cat 命令读设备文件,判断其读出来的信息是否与 echo 命令写入的信息一致。整个测试过程的屏显信息如图 4-113 所示。

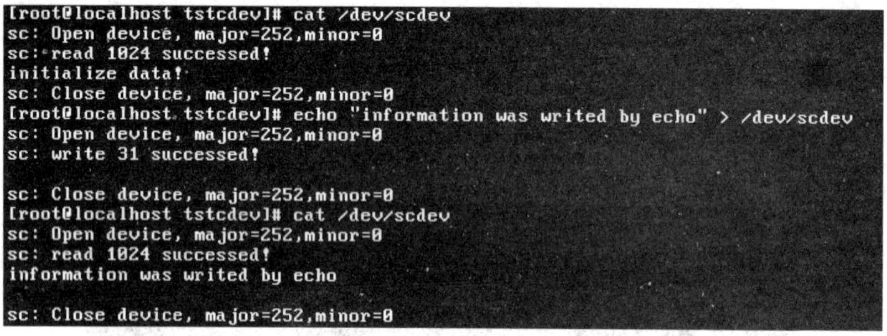

图 4-113　使用 cat 及 echo 命令测试设备文件的过程示意图

可见,首次使用 cat 命令读出来的信息是"initialize data!",正是设备初始化信息。接着,当使用 echo 命令向设备写入"information was writed by echo"之后,再次使用 cat 读出来的信息也是"information was writed by echo"。

从 cat、echo 命令被执行时的屏显信息中,也能看出读、写操作的基本过程:先打开文件,然后进行读写,最后关闭文件。

(2) 文件读写测试

① 测试程序 tst_scdev.c

```
#include <sys/types.h>
#include <sys/stat.h>
#include <stdio.h>
#include <fcntl.h>
#include <string.h>
main()
{
    int fd;
    char write_buf1[]="this is the first information writed by tst_scdev.";
    char write_buf2[]="this is the second information writed by tst_scdev.";
    char buf[100];
    memset(buf, 0 , 100);
```

```
fd=open("/dev/scdev", O_RDWR,S_IRUSR|S_IWUSR);  //打开设备文件
if(fd !=-1){                                      //向设备文件写两次数据
    write(fd, write_buf1, sizeof(write_buf1));
    write(fd, write_buf2, sizeof(write_buf2));
    lseek(fd, 0, SEEK_SET);                       //将读写位置置为文件开头
    /*分两次读前面写入的数据并打印*/
    read(fd, buf, sizeof(write_buf1));
    printf("tst_prog: %s\n", buf);
    memset(buf, 0 , 100);
    read(fd, buf, sizeof(write_buf2));
    printf("tst_prog: %s\n", buf);
    close(fd);                                    //关闭设备文件
}else{
    printf("open file failed!\n");
}
}
```

该测试程序比较简单,首先打开设备文件,然后分两次向设备文件写入信息,再分两次读出写入的信息,最后关闭文件。该测试程序全面测试了 open、close、read、write、lseek 操作函数。

② 测试结果

使用 gcc -o tst_scdev tst_scdev.c 命令编译后,运行该测试程序,结果如图 4-114 所示。

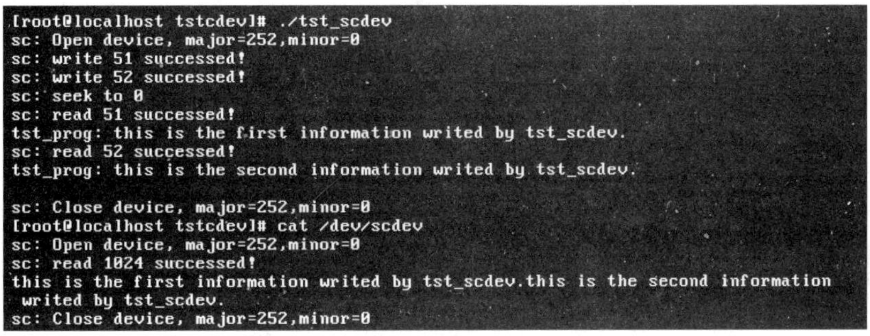

图 4-114　文件读写测试程序运行结果

可见,文件打开后,两个信息均被成功写入后,再成功读出,最后又使用 cat 命令查看设备文件的所有信息,均与预期测试结果相符合。

4.5　源代码阅读与分析级

关于本节的实验内容,网上有丰富的资料可供参考,因此具体指导内容从略,只给出几点要求,说明如下。

(1)了解 Linux 源代码的分布。

(2)了解阅读 Linux 源代码的一般方法。一般地讲,分析源代码最好先从分析操作系统自计算机加电运行到初始化完成开始,然后再转到具体的专题性模块分析。最好能理解硬

件指令集合和汇编语言。

（3）分析源代码要求逐行翻译，并倒推出算法和数据结构，可能牵涉很多个 C 程序（甚至汇编程序）和头文件的分析，最好使用一种工具（如 Windows 下的源码阅读工具 Souce Insight，Linux/UNIX 环境下的交叉索引工具 ctags、KScope 等）帮忙，以提高效率。

（4）锻炼源代码阅读、分析能力和团队协作能力。

（5）Linux 进程调度程序随着内核版本从 1.0～2.6 等，经历了几次较大的变化，选择哪个版本分析都可以，若完成后能做不同版本的对比分析，收获会更多。

（6）本实训所谓专题内容有很多，例如进程创建、内存分配、系统安全性、磁盘驱动、文件读写、虚拟文件系统、idle 进程……，参与者可任选其一，刚开始所选题目不宜过大。

第 3 篇

实 训 管 理

第5章　实训管理

本章内容提要：

实训计划的建议；

实验报告的内容；

实训成绩的评定。

5.1　实训计划建议

5.1.1　教材各章节选择建议

本教材的第 1 章主要为教师制定实训方案提供参考。第 2 章可以帮助没有学过作者参编的另一部教材《操作系统原理与实训教程》(第二版)的学生对实训平台有初步了解,并在此基础上完成有关实训。

如果与《操作系统原理与实训教程》(第二版)教材配套完成实训,则可以跳过前三章。建议在操作系统原理有关章节介绍后有选择地安排相应的实训内容。

5.1.2　实训内容选择建议

建议不同院校根据自己的实验条件、师资力量、生源质量和教学计划裁剪实训内容,尽可能多地包含用户应用级、系统管理级、观察分析级、编程实现级和源码阅读级等不同层次的实验,并尽量在 Linux 平台上进行实验。

1.2 节给出了一个 20 学时的实训方案示例。为方便教师选择实训内容,下面给出本教材第 3 章涵盖的 26 个实验的难度系数和最低学时数。假设实验难度系数范围是 1～5,5 表示最难,则:

4 个使用级实验中,前两个的难度系数是 1,后两个的是 2。

8 个系统管理级实验中,前 5 个的难度系数是 2,后三个的是 3。

8 个观察与分析级实验中,第 2 个和第 8 个的难度系数是 2,第 5、第 6、第 7 个的是 3,其余的是 4。

6 个实现级实验中,前两个的难度系数是 3,后 4 个的是 5。

2 个源代码阅读级实验的难度系数均是 5。

每个实验的建议最低学时数为相应难度系数的两倍。

5.1.3　实训过程组织

建议难度系数为 1 或 2 的实验由一个学生独立完成,难度系数为 3 或 4 的实验以 2～4 名学生为一个小组合作完成,难度系数为 5 的实验以 7～10 名学生为一个小组合作完成。每个小组必须设置组长一名,可以以组为单位交一份实验报告。组长的职责如下:

(1) 制定具体分工合作的实训计划和进度表；

(2) 组织小组成员完成系统总体设计和详细设计；

(3) 协调小组成员完成各自的分工；

(4) 控制实验进度,确保实训按计划进行；

(5) 及时与指导教师沟通,定期汇报实训进展情况；

(6) 组织小组成员完成实验报告。

5.2 实验报告内容

在整个实训过程中,指导教师应对实验报告给予足够的重视。实验报告的作用如下。

(1) 培养学生的科学研究精神,锻炼文档写作能力；

(2) 了解学生对实训的态度、投入情况以及实训中遇到的问题；

(3) 用于评定学生的实训成绩；

(4) 用于得到学生的反馈,帮助检查实训效果,以及修订完善以后的实训计划。

指导教师应事先给出实验报告标准格式(可参考下面的实验报告内容),规定实验报告的提交日期和提交方式,要求学生按时完成并提交实验报告。

建议操作系统实验报告标准格式的内容(仅供参考)如下。

一、基本信息

  1. 实验题目

  2. 小组编号

  3. 完成人(姓名、学号)

  4. 报告日期

二、实验内容简要描述

  1. 实验目标

  2. 实验要求

三、报告主要内容

  1. 设计思路

  2. 主要数据结构

  3. 主要代码结构

  4. 主要代码段分析

四、实验结果

  1. 基本数据

  (1) 源程序代码行数

  (2) 完成该实验投入的时间(小时数)

  (3) 小组讨论次数

  2. 测试数据设计

  3. 测试结果分析

五、实验体会
　　1. 实验过程中遇到的问题及解决过程
　　2. 实验过程中产生的错误及原因分析
　　3. 实验体会和收获
附件1：参考文献
附件2：源程序

5.3　实训成绩评定

5.3.1　实训检查建议

实训检查主要由上机检查、实验报告检查和小组答辩三部分构成。

上机检查包括出勤情况、编译过程、执行过程、执行结果检查和界面检查等。在上机检查时，教师可提出问题，由学生回答。

实验报告检查包括格式是否规范、结构是否清晰、内容是否完整、语言是否流畅、表达是否准确等方面的检查。

小组答辩主要检查学生对实训中所涉及的原理知识的掌握情况，以及小组成员之间的分工合作情况。为此，教师要准备若干题目，学生以小组为单位进行回答。

5.3.2　成绩评定建议

实训评估应该是多元化的，实训成绩评定应综合考虑以下因素。

（1）实验题目的难度系数；

（2）程序量大小；

（3）实验报告质量；

（4）上机检查结果；

（5）小组答辩结果；

（6）其他（例如，同学主动完成的额外的实验题目，针对实训的笔试成绩）。

建议如果本教材与《操作系统原理与实训教程》（第二版）教材配套完成实训时，实训成绩应占操作系统原理课结课成绩的 20%。

参 考 文 献

[1] Andrew S Tanenbaum，Albert S Woodhull. Operating Systems Design and Implementation. Second Edition. 北京：清华大学出版社，1997.

[2] Andrew S Tanenbaum. Modern Operating Systems. Third Edition. 陈向群，马洪兵等译. 北京：机械工业出版社，2009.

[3] William Stallings. Operating Systems：Internals and Design Principles. 4th Edition. Prentice-Hall，2001.

[4] Maurice J Bach. The design of the UNIX Operating System. 陈葆珏等译. 北京：机械工业出版社，2000.

[5] Eric S Raymond. The Art of UNIX Programming. 姜宏，何源等译. 北京：电子工业出版社，2012.

[6] Neil Matthew，Richard Stones. Beginning Linux Programming. 4th Edition. 陈健，宋健健译. 北京：人民邮电出版社，2010.

[7] Jonataban Corbet，Alessandro Rubini，Greg Kroab-hartman. Linux Device Drivers. Third Edition. 魏永明，耿岳等译. 北京：中国电力出版社，2009.

[8] Robert Love. Linux Kernel Development. Third Edition. 陈莉君，康华等译. 北京：机械工业出版社，2012.

[9] 孙钟秀等. 操作系统教程(第3版). 北京：高等教育出版社，2003.

[10] 尤晋元，史美林. Windows操作系统原理. 北京：机械工业出版社，2001.

[11] 陈向群等. Windows内核实验教程. 北京：机械工业出版社，2002.

[12] 陈渝，向勇. 操作系统实验指导. 北京：清华大学出版社，2013.

[13] 罗宇，陈燕晖，文艳军. Linux操作系统实验教程. 北京：电子工业出版社，2009.

[14] 陈向群，向勇等. Solaris操作系统原理. 北京：机械工业出版社，2008.

[15] 李善平，刘文峰等. Linux内核2.4版源代码分析大全. 北京：机械工业出版社，2002.

[16] 李善平，郑扣根. Linux操作系统及实验教程. 北京：机械工业出版社，1999.

[17] 费翔林，李敏，叶保留. Linux操作系统实验教程. 北京：高等教育出版社，2009.

[18] 陈莉君，康华. Linux操作系统原理与应用. 北京：清华大学出版社，2006.

[19] 张红光，蒋跃军等. UNIX操作系统实验教程. 北京：机械工业出版社，2006.

[20] 教育部高等学校计算机科学与技术教学指导委员会. 高等学校计算机科学与技术专业核心课程教学实施方案. 北京：高等教育出版社，2009.

[21] 高等学校计算机应用型人才培养模式研究课题组. 高等学校计算机科学与技术专业应用型人才培养模式及课程体系研究. 北京：高等教育出版社，2012.

[22] 国家级计算机实验教学示范中心"计算机专业实验教学课程建设"项目组. 高等学校计算机专业实验教学课程建设报告. 北京：高等教育出版社，2012.

[23] 教育部高等学校计算机科学与技术教学指导委员会. 高等学校计算机科学与技术专业实践教学体系与规范. 北京：清华大学出版社，2008.

[24] 教育部高等学校计算机科学与技术教学指导委员会. 高等学校计算机科学与技术专业公共核心知识体系与课程. 北京：清华大学出版社，2008.

[25] 教育部高等学校计算机科学与技术教学指导委员会. 高等学校计算机科学与技术专业人才专业能力构成与培养. 北京：机械工业出版社，2010.

[26] 周苏，金海溶. 操作系统原理实验(修订版). 北京：科学出版社，2008.

［27］张尧学，史美林. 计算机操作系统教程（第 2 版）习题解答与实验指导. 北京：清华大学出版社，2000.

［28］孟静. 操作系统教程题解与实验指导. 北京：高等教育出版社，2002.

［29］袁捷. 漫谈电脑"管家"——操作系统的发展与创新. 北京：清华大学出版社，2002.

［30］鸟哥. 鸟哥的 Linux 私房菜——服务器架设篇（第二版）. 北京：机械工业出版社，2008.

［31］范辉，谢青松. 操作系统原理与实训教程（第二版）. 北京：高等教育出版社，2006.

［32］谢青松. 操作系统原理. 北京：人民邮电出版社，2005.

［33］蒋静，徐志伟. 操作系统原理·技术与编程. 北京：机械工业出版社，2004.

［34］何炎祥等. 计算机操作系统. 北京：清华大学出版社，2004.

［35］袁建红等. 实用操作系统. 北京：机械工业出版社，2002.

［36］（美）Mark Minasi. Windows XP 专业版：从入门到精通（中文版）. 王珺，屈马珑等译. 北京：电子工业出版社，2002.

［37］谢青松，范辉. 操作系统教学之我见. 计算机教育. 2004（9）：75.

［38］维基百科大陆简体. http://zh.wikipedia.org.

［39］CentOS 中文站. http://www.centoscn.com.